餐桌上的木食器

28堂日系餐具木作課

職人紋刻技法，第一次就上手

余宛庭・木質線 著

原點

目錄
CONTENTS

前言　讓木器皿成為生活的一部分 —————— 006

Chapter1 開始製作之前 —————— 007

01　木工藝常用木材圖鑑 —————— 008

02　木材基礎知識 —————— 015

03　木材購買指南 —————— 018

04　木作工具圖鑑 —————— 019

05　木作基礎加工 —————— 026

06　自製工作台＆刨台 —————— 028

07　木器塗裝＆養護 —————— 030

08　木器清洗＆保養 —————— 033

Chapter2 餐桌上的木食器 —————————— 034

Part1 木匙 —————————————————— 036

01 深型甜點小木匙 ———————————— 038

02 橫條紋六角雕木匙 ———————————— 042

03 栗子紋鯨魚湯匙 ————————————— 046

番外篇 如何做出一支順口、順手的木匙？ ———— 050

Part2 木叉 —————————————————— 058

01 小惡魔水果叉 —————————————— 060

02 檜木圓柄甜點叉 ————————————— 064

03 柚木細頸義大利麵叉 ——————————— 068

番外篇 是湯匙還是叉子？ ——————————— 072

Part3 木筷 —————————————————— 074

01 方圓之間櫻桃木筷 ———————————— 076

02 手雕八角櫻桃木筷 ———————————— 080

03 微雕松鼠柚木筷 ————————————— 084

番外篇 筷子的好搭檔—— 小松鼠筷架 —————— 088

Part4 抹刀 ———————————— 090

01　銅鑼燒抹刀 ———————————— 092

02　長耳兔抹刀 ———————————— 096

Part5 木碗 ———————————— 100

01　細縞紋朴木飯碗 ———————————— 102

02　胡桃木手雕栗型碗 ———————————— 108

番外篇　飯碗＆湯碗好用的秘密 ———————————— 114

Part6 木盤 ———————————— 116

01　神代櫸木淺方盤 ———————————— 118

02　厚朴木深方盤 ———————————— 122

03　格子織紋平盤 ———————————— 126

04　栗子殼紋樣豆皿 ———————————— 130

05　櫻桃木橢圓盤 ———————————— 134

06　手雕寬沿百摺盤 ———————————— 138

番外篇　盤的組合──六角紋蛋糕高腳皿 ———————————— 142

Chapter3 廚房裡的料理道具 ———————— 148

Part1 飯匙／煎鏟 ———————— 150

01　扁平手雕飯匙 ———————— 152

02　曲線手雕八角飯匙 ———————— 156

03　手雕木鍋鏟 ———————— 160

04　萬用多孔楓木夾 ———————— 164

Part2 砧板 ———————— 168

01　六角紋兩用砧板 ———————— 170

02　斜角起司麵包砧板 ———————— 174

03　迷你六角紋砧板 ———————— 178

Interview

日本職人作家——渡邊浩幸的木作二三事 ———————— 182

Column

走訪東京 mokumoku 木材店專賣店 ———————— 188

後記　關於木質線 ———————— 190

前言　讓木器皿成為生活的一部分

手作的溫度常能讓製作者和收到這份禮物的人，感受到滿滿的心意與溫暖。為了讓更多人感受如此幸福的心情，就這樣開始了作品販售和手作課程教學。但許多人常因為距離問題，無法前來上課，因此有了這本書的誕生。希望透過書中的內容讓大家可以自己製作簡單卻獨特的木食器，並經常使用，讓木器皿真正進入生活。

工藝的領域很廣，木作也是，生活中的家具、文具、茶道具、雕塑、燈具、飾品等，都可以用木頭來表現，而器皿是最貼近生活，又可以和美味料理搭配的木作。愛吃又喜歡料理的我，當然就一頭栽進了木食器的世界裡。木頭時而可愛；時而絢爛；時而樸實，和經由我們雙手所雕刻的刻紋質感，是木器之所以迷人的關鍵。不同於機器或砂磨處理的光滑面，雕刻所能呈現的變化非常多，就像繪畫般一筆筆累積而成的畫面。雕刻木器時也可以將各種紋理做變化，水波紋、六角紋、格子紋、栗子紋、百摺紋、橫條紋，簡單耐看的刻紋，偶爾搭配立體木雕的技法，就能讓原本只有盛裝功能的平凡木器鮮活起來。一刀刀刻下時雖然不是那麼整齊的樣子，但一邊在雕刻木頭的過程釋放壓力，一邊感到療癒，木作的神奇魅力也不過如此了。

當我們從木材店家手上接過一落裁切好的木板時，通常會依木頭稀有的程度以金錢來衡量每種木頭的價值，充滿著對稀有材的迷思。雖然肖楠、黑檀、紅檜等珍貴的木材有著美麗的紋理，能賦予作品更細緻的表現，但也須適材適用。一塊木頭的形成需要數十至數百年的累積，每一塊木頭都值得被好好對待，即使是松木、杉木等如此平凡的木頭。只要可以使用，就絞盡腦汁發揮它的價值吧！

開始製作之前

木工，是一門既實用又貼近生活的技術，我們用木頭來製作餐具、家具，甚至是蓋房子，有木頭的地方都能真切地感受溫暖的氛圍。從了解不同木材的特性開始，學會如何以基礎的手工具把木頭做成日常可以使用的餐桌器皿，以及使用前必須知道的塗裝保養技法，有了這些

01 木工藝常用木材圖鑑

世界上的木材千百種，色澤紋理變化多端，以木頭原色來創作就可以有變化無窮的樂趣。香味濃烈的綠檀木、顏色沉穩耐看的黑胡桃木、紋理粗獷，色澤像栗子般的日本栗木，不同的木頭因為密度和特性不同，各有適合製作的物件。這裡以日本產的常用木種、台灣易取得的商業林種，以及較稀有的珍貴特殊木種等三大類來簡單介紹木工藝常會用到的木材，並以硬度星號來表示雕刻的難易程度。

A. 來自日本的森林

日本當地產的樹木種類多達上百種，以下介紹的是較受木工作家歡迎的木材種類。除了光澤度佳、易於加工、軟硬適中，適合製作木餐具之外，也是日本人生活中隨處可見，熟悉度極高的樹木。其中以山櫻花木雕刻後的光澤和手感最為滑順；栗木則帶有粗獷、復古的紋理和色調；鬼胡桃木溫柔的米棕色和樸實的質地，也是很受歡迎的木材。

① 日本山櫻花木 Yamasakura

產地　日本關東以西或沖繩
色澤　帶有棕綠色線條以及偏橘的粉色
硬度　★★★★★★☆☆☆☆

又名緋寒櫻，質地光滑細緻，毛細孔少，雕刻起來光澤度佳觸感良好，韌度強，就算以垂直木紋方向來雕刻也較無粗糙感。手感比起其他木種來得細膩，是非常適合作為食器雕刻的木材種類，也是我十分愛用的木材之一。

② 日本厚朴木 Poonoki

產地　北海道及九州地區
色澤　偏黃綠色調～橄欖綠棕色
硬度　★★★☆☆☆☆☆☆☆

葉片大，會被用來製作朴葉味噌。是除了綠檀之外比較明顯偏綠色的木材。質地輕軟好雕刻，是初學者容易上手的木材，常被用於食器及工具刀柄，或是漆器的胎體。

③ 日本鬼胡桃木 Onikurumi

產地　北海道
色澤　偏粉米色調～淺橘棕色，偶爾有灰棕色線條
硬度　★★★☆☆☆☆☆☆☆

果實是可以食用的核桃種類；樹皮則用來編織籃子，是日本著名的樹皮工藝。紋理近似於黑胡桃木，雕刻起來比胡桃木軟上許多，是初學者容易上手的木材。適合製作搭配白色器皿或雜貨木作風格空間的食器或家具。

④ 日本栗木 Kuri

產地　北海道～九州地區
色澤　米棕偏深黃茶色，像是栗子果肉一般
硬度　★★★★★☆☆☆☆☆

紋理年輪明顯粗獷大器，乾燥後穩定不易開裂，質地中等偏硬，雕刻起來可以感受到粗糙的纖維感。木材放久後顏色會變得較為復古沉穩，像是使用了許久般親切，因此頗受歡迎。適合製作具復古氛圍的餐具及家具等物件。

⑤ 日本欅木 keyaki

產地 本州、四國、九州
色澤 偏金黃銀杏葉色調的黃橘色
硬度 ★★★★☆☆☆☆☆☆

樹木大多很大且筆直，常被用來製作樑柱或家具。色澤飽和度高且溫暖。紋理粗大年輪明顯，雕刻的手感較為硬脆，適合製作金黃色調的食器餐具，也常被當作漆器胎體。

⑦ 神代欅木 Poonoki

產地 本州、四國、九州
色澤 偏深橄欖綠色調～焦茶棕色
硬度 ★★★☆☆☆☆☆☆☆

是欅木經深埋土中上千年而形成的半碳化木材，有著極為懷舊與偏暖色調的深茶色變化。質地比欅木好雕刻一些，因為稀有，價格比欅木貴上許多，常被用於高檔的職人茶道具上。

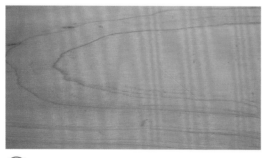

⑥ 日本檜木（扁柏）Hinoki

產地 本州、四國、九州
色澤 米黃偏粉
硬度 ★★☆☆☆☆☆☆☆☆

帶有粉色及金色（油脂）漸層，給人高貴脫俗的印象，是日本常用的高級建材。韌性及耐水性佳，質地輕軟加工容易，適合製作砧板等物件，木材帶有特殊的檸檬香氣，是珍貴的精油來源。

B. 歐美地區商業林

此處列舉的木材,大多是在台灣常見且易取得的樹種。台灣並沒有太多森林可供砍伐,可供選擇的樹種稀少,供應量也不穩定,因此大量進口歐美地區的商業林。這些商業林會定期栽種與疏伐,是可以放心使用的永續林業資源,其中以櫻桃木及胡桃木最適合雕刻食器類的作品,而柚木也是人氣極高的木種之一。

① 美國櫻桃木 Cherry

產地　北美
色澤　偏粉色調的橘棕色
硬度　★★★★★☆☆☆☆☆

產自北美,果實是我們熟悉的黑色櫻桃。色澤偏粉色調的橘棕色,是廣受女性喜愛的木材。紋理和質地近似於櫻花木,雕刻後的光澤度和手感與胡桃木較為接近,適合製作暖色調的餐具食器。

② 緬甸柚木 Teak

產地　緬甸、泰國、印尼、越南等東南亞地區
色澤　偏暖的沉穩土棕色,像棕熊身上毛髮的顏色
硬度　★★★☆☆☆☆☆☆☆

俗稱「柚木」的木材之中價值最高且最常使用的木種。木紋年輪明顯,耐水性良好,質地中等偏軟,油分高且易於加工。由於木材纖維會帶有些許礦物粒子(二氧化矽),雕刻起來比較容易使刀具鈍掉,因為油分高,砂磨時木粉容易卡在砂紙上,加工時需要特別注意。適合製作餐具和家具等物件。

③ 美國黑胡桃木 Black walnut

產地　北美中部～東部
色澤　偏紫的深茶色
硬度　★★★★★☆☆☆☆☆

色調穩重,紋理樸實自然,乾燥後穩定不易變形。質地中等偏硬,雕刻後的光澤度和切削的韌性都很不錯,極受市場歡迎,適合製作餐具和家具等物件。

④ 白蠟木 White ash

產地　北美
色澤　米白色基底帶米棕的年輪線條
硬度　★★★★★☆☆☆☆☆

紋理粗獷年輪明顯,近似於水曲柳和日本栗木,質地堅硬不易雕刻,但雕刻後的光澤度和切削的韌性都很不錯,適合製作白色系北歐風格餐具和家具等物件。

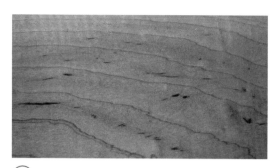

⑤ 硬楓木 Hard maple

產地　北美中部～東部
色澤　偏米的淺米棕色
硬度　★★★★★☆☆☆☆☆

在加拿大會取樹汁來製作楓糖，秋天則賞其楓紅樹葉。紋理細緻氣質佳，木材緻密度高且光澤極佳，質地中等偏硬。雕刻及切削的韌性及光澤度都很不錯，適合製作餐具及家具等物件。但糖分較高，使用和收納須注意維持乾燥，避免發霉。

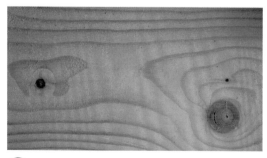

⑥ 雲杉 Spruce

產地　北美及阿拉斯加
色澤　米白偏黃
硬度　★★☆☆☆☆☆☆☆☆

木紋寬大筆直，常有樹節摻雜其中，質輕又軟，容易加工，價格不貴，適合大面積用作建材和裝飾板材，或快速diy的家具來使用，較少拿來製作餐具。

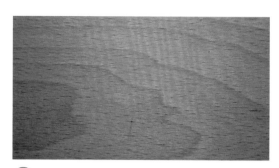

⑦ 山毛櫸 Beech

產地　美國及歐洲
色澤　米白偏黃
硬度　★★★★☆☆☆☆☆☆

木紋帶有短短的細長形木質線（殼斗科木材的特色），點點的模樣，給人可愛的印象。容易變形或開裂，適合製作曲木類椅子或玩具等物件。質地中等偏硬，較少拿來製作餐具，但適合製作玩具和家具。

C. 珍貴特殊木種

有別於容易取得的進口商業林材，在台灣也可以買到的木材種類還有很多，其中以一些具獨特色彩的高價位檀木最為人所知。像是會隨光線變換色彩的綠檀木，或是黑得發青的黑檀木，甚至有十分純粹紫色調的紫心木等。在許多製作高級家具的工廠都可以買到一些製作食器的小邊料，珍貴且稀少的木材，在砍下後並不像商業林般會再不斷種樹永續經營，希望大家都可以將購入的珍貴木頭作最好的利用。這些珍貴特殊木種也可以製作木食器，但顏色較深的木種建議用生漆塗裝或製作冷食(不加熱)食器。

① 台灣扁柏 Cherry

產地 台灣
色澤 溫暖的薑黃色
硬度 ★★★☆☆☆☆☆☆☆

樹木寬度可以非常寬大，日治時代早期曾輸出到日本作為神社等建材，明治神宮的鳥居也是使用台灣檜木製作，現在則少見有寬大的台灣檜木。人造林的木紋緻密度、油分和香氣，也不如早期的回收檜木。薑黃色澤的扁柏，油分高的帶有金黃色線條，有著濃郁的精油香氣。而俗稱「台灣檜木」的另一種木材—紅檜，則有些微木紋和香氣的區別。木材輕軟，容易加工，但因為香氣濃烈較易影響料理風味，建議使用在不會接觸熱食的作品，如砧板、托盤等。

② 綠檀木 Palo santo

產地 巴西、阿根廷等中美洲地區
色澤 黃綠色～深綠色之間
硬度 ★★★★★★★★★☆

會因為照射陽光而從黃綠色變成深綠，是很神奇的木頭，邊材為米白色，紋理色彩有如孔雀開屏般繽紛絢麗。硬度非常硬，但因為油分含量極高，製成工藝品也不易開裂。但因其交錯逆向紋理，雕刻起來十分費力，較適合以砂紙打磨。且因其油分高，木粉易卡在砂紙上，也是較難加工的木材。香氣濃烈迷人，常被用於佛具和高級家具等，或是梳子和文具等隨身小物。

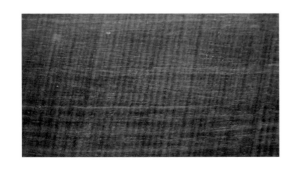

③ 黑檀木 Ebony

產地 泰國、印尼
色澤 黑中偶帶茶色線條的為條紋黑檀；偏純黑帶有青色光澤的為青黑檀
硬度 ★★★★★★★★☆☆

是檀木市場中價值極高且常使用的木種，越貴的木種越容易被雜木魚目混珠。緻密度及硬度極高，加工後光澤度非常閃亮。木質偏硬脆，但加工不會過於困難，常用來製作高級家具、佛具或文具等小物。

④ 紫心木 Purpleheart

產地　墨西哥及巴西等中南美洲地區
色澤　亮眼的獨特紫色
硬度　★★★★★★★☆☆☆

紋理不明顯，呈現整片均勻的紫色光澤，質地堅硬、雕刻費力，耐久性高也耐蟲咬，適合製作拚木等色彩獨特的作品或戶外地板。

⑤ 鳥眼楓木 Bird eye maple

產地　北美洲
色澤　偏米的淺米棕色
硬度　★★★★★★☆☆☆

楓木帶有小鳥眼睛般瘤點的部位，紋理細緻，裝飾性極高，常被用來製成木皮貼在家具上，作為鑲嵌的裝飾。木材緻密度高且光澤極佳，質地中等偏硬。切削的韌性和光澤度都很不錯，但雕刻上容易逆紋，因此適合砂磨的製作方式。適合製作文具和需要裝飾的隨身物件。

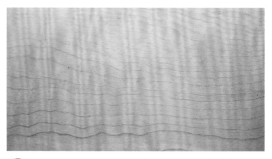

⑥ 閃花楓木 Maple

產地　北美洲
色澤　偏米的淺米棕色
硬度　★★★★★★☆☆☆

楓木帶有閃爍紋理的閃花（註）部位，紋理細緻，裝飾性極高，多被用來製成小提琴等樂器裝飾面。木材緻密度高且光澤極佳，質地中等偏硬。切削的韌性和光澤度都很不錯，但雕刻上容易逆紋，因此適合砂磨的製作方式。適合製作文具和需要裝飾的隨身物件。

（註）閃花是木材生長時折彎腰了（扭曲），或是根部盤結交錯的部位，造成局部如水波紋閃爍的紋理，是在所有木材都會出現的現象。因木紋比起單純的山形紋或直紋來得特別，裝飾性更強，因此受到木工藝家們的喜愛。

02 木材基礎知識

在製作木器之前，我們要深入地了解木頭的內涵，認識木材的紋理部位，分別有什麼特性？每個部位的應用方式？比如把帶有節點的木材巧妙地運用在動物造型的眼睛等。

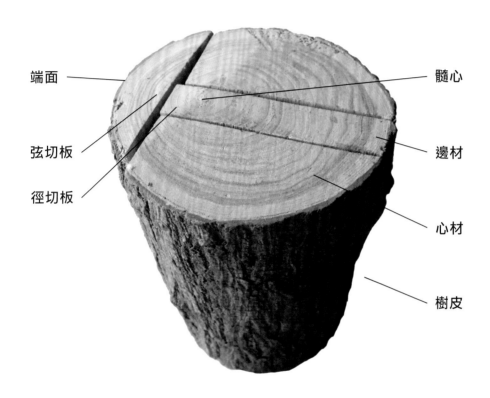

端面

弦切板

徑切板

髓心

邊材

心材

樹皮

木材的取材

端面

木頭年輪同心圓的前後位置，是春秋材（註）密集合的部位，因此特別堅硬，難以加工，常取作剁切大骨使用的砧板。但因為與木頭纖維走向（一般取材方向）是垂直的，木板的厚度就是纖維的長度，非常容易斷裂，一般無法買到這個方向的木材，就算購入原木也容易從髓心及各處開裂。

（註）春材是在春夏生長的材料，春夏生長快，是木材的紋路寬且淺的部分；秋材是秋冬生長的部分，秋冬養分少生長慢，是木材紋路深且窄的部分，而一寬一窄（或一淺一深）的木紋就是樹木的一年。

山形紋（弦切面）

和木頭中心點（髓心）方向平行而取材的木板，有著山形般的美麗年輪紋理而得名，比較容易變形開裂，但容易取得較寬的木板。

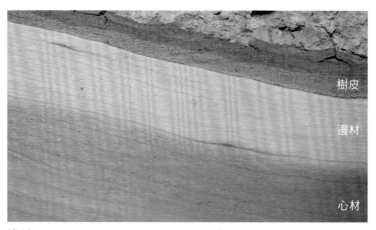

樹皮

邊材

心材

邊材

邊材含有較大量水分及養分，是活的木質部，顏色相對較淺，因為沒有心材的填充物質來得穩定、耐重、耐腐，較不易保存，但好好保養也並非不可以使用。若是邊材硬度與心材差不多的木材，皆可以拿來製材。

心材

心材被樹脂及色素填滿之後形成了顏色較深的木材，是已經死去的木質部，用來支撐樹木的部位，也是我們取材的部位。

直紋（徑切面）

以端面可以觀察到春秋材木紋是與髓心呈垂直的方向，因此徑切面的取材木紋為直紋，較為穩定不易變形開裂。而髓心大多易裂與變形，大多會避免使用，此處的徑切板剛好有取到通過髓心的部位。

死結

樹木生長時的枝枒因為受傷而腐朽或與樹木脫離，有可能整個木結都掉下來的情況。由於會影響結構性，不適合用在家具或建材，但用於木盤類單品，設計在動物眼睛的部位，則有自然傳神的效果。

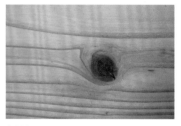

活結

樹木生長的側芽並未脫落和腐朽，會隨著髓心細微開裂，但反而會比心材更為堅硬有光澤，因此是可以保留下來的木節。偶而還會圍繞著木節有閃花或虎斑紋理的變化，反而是更美麗的木材。

變形

木頭在乾燥過程中會因濕度變化，造成水分蒸散速度不均而導致木頭變形。即使是製作完成後的作品也可能再度發生變形的現象，所以像是抽屜盒子等需要精密接合的物件，選材時須盡量避免變形的木頭。但若是木盤類作品，剛好可以將變形內凹的那一面朝上當作盛盤面。

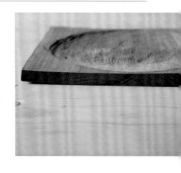

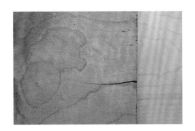

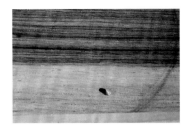

開裂

木頭在乾燥過程應力需要釋放，因此容易在端面形成裂痕，若是在木板前後10cm的位置，大多會裁切捨棄不用，但若是裂痕只有一條，盡量取材成裂痕斷裂後還可以製成湯匙（13cm以上）或小豆皿（正方形）的長度，是比較物盡其用的作法，當然在選購時盡量避免開裂的木頭是最方便的。

發霉

木頭若是乾燥完全、保存得當，則少有發霉的情況，但若是作品因為濕度太高而發霉，可以用濕布擦拭後充分晾乾，再塗上生漆或硬油來保護。一般來說，養分、糖分較高的楓木較容易發霉，而油分高的綠檀或檜木則不易發霉。

蟲蛀

木頭的白邊有可能遭天牛啃食而造成大小不一的蟲洞，若是已經啃食完畢也不妨留下蟲蟲們天然的傑作，但若是還常駐在木材裡，還是避開這片木材，就讓牠吃飽喝足再離開吧。

取材的方向性

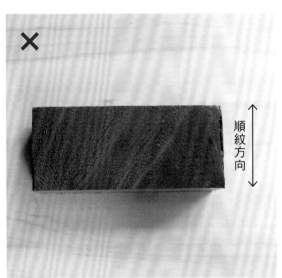

木頭取材纖維方向

取材方向需要順木紋方向，長邊必須和木紋平行而非垂直；短邊一定得是端面的情況，製成長方形作品時才不會一捧就裂。

03 木材購買指南

木材的其計價方式，每材從80～1500元不等，大多數常用的一般木材價格多在500元／材以下，寬度超過20cm及厚度超過6cm更寬厚的木頭，每材價格則會再更高，進口商業林的木材會較為平價，而珍稀的檜木類或熱帶雨林樹種價格則會較為高昂。

木材價格計算法

英製材

由國外進口已經裁切好的木板，從1英吋到2英吋都是容易購得的厚度，每材價格計算方式是2.54cm（英吋）×30.48cm（英呎）×30.48cm（英呎）=2360立方公分。

台製材

由國外進口原木在台灣製材，1台吋為3.03cm，厚度寬度則依不同樹種而定，每材價格計算方式是（台吋）3.03cmx（台吋）3.03cmx（台丈）303cm=2783立方公分。

> 台灣的木材廠非常多，每個縣市大約有十來家木材廠，介紹一下我常去的木材廠有：
> 柏琳木業－新北市樹林區柑園街二段259號　02-26806856
> 添富木業社－桃園縣大溪鎮信義路416號　03-3882734
> 更多台灣木材廠資訊請參考：細木作愛好者平台 Woood.tw，其中也有各種加工服務、工具以及教學工坊等店家整理。

（A）板材

進口板材購入時多會以英吋來做測量單位，厚度1吋（2.54cm）的木頭是最容易買到的，想要更薄（1.5cm以下）的木板，皆需要以帶鋸機做縱剖。寬度大多會在10cm～15cm之間，18cm～25cm則較為少見，30cm以上的整片木板就更難得了。

（B）厚板材

較厚的板材，厚度在5～10cm不等的木材，可以用來製作大小木碗等深形器皿，相對地需要一定的寬度（13cm～20cm），裁切成正方形後以木工車床來製作。大多以緬甸柚木、烏心石、胡桃木等……是較容易買到的木頭，購買時須注意其乾燥程度是否穩定，並避開樹結開裂等部位。

（C）柱狀木材

柱狀木材其實就是厚板材裁切而成，厚度從2.5～8cm都有，大多作為建材或家具的木材。建議尋找紋理通直的木材，盡量避開斜紋等部位是比較好的取材方法，可以用在曲度大的木匙取材。

04 木作工具圖鑑

只要想多製作一種造型的盤子，可能就得多上一些新的鑿刀；想要加快製作的速度，就得增加一些電動工具甚至是機器。在木工的領域越陷越深時，只會有買不完的工具等著你！這裡列舉書中常用的一些工具，建議大家依各自對木工的狂熱程度購入。

A. 手工具

迷人的木器來自於雙手的靈巧雕飾,而成就木器之美的功臣絕對是銳利順手的雕刻刀具。手工具的使用比起機器雖然慢上許多,但雕刻的不可替代性以及以手工具感受材料回饋的力道與手感,好好熟練之後再來使用機器,才是最紮實且滿足的學習過程。

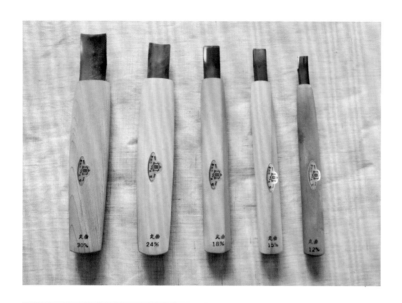

丸曲雕刻刀

刀刃為圓口(丸),側向有彎曲角度(曲),是用來挖深湯匙面╱盤面的工具,從6～30mm都有,湯匙常用為12╱15mm,木盤則可依紋理需求變化。

1&2 橫手小刀

有帶木刀鞘及一般保護套的款式,用於切削木匙、木叉等小型木器。

3 平口鑿刀

24mm平鑿是較常用的尺寸,用來雕刻凸面弧線、塊狀紋理、倒角等。

4 圓口鑿刀(丸鑿)

前端圓口弧度較平緩,沒有曲度的圓鑿,適合雕刻碗的外凸面。

5 丸曲鑿刀

曲度比丸曲刀更大的圓口鑿刀,用來修飾碗底、湯匙底等較深處。

6 小道具曲鑿刀

曲度在丸曲刀及圓口鑿刀之間,功能性與丸曲刀一致。

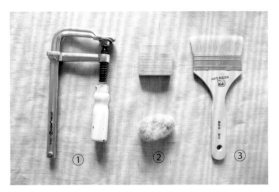

1 F型夾

用於夾住木材等工作物件，或膠合時的加壓固定夾具。

2 墊木與毛氈塊

以桐木製作的墊木與羊毛氈塊，可以在固定物件時當作緩衝材，避免壓傷作品。

3 羊毛刷

用來掃除作品上的砂磨粉塵或桌上木屑。

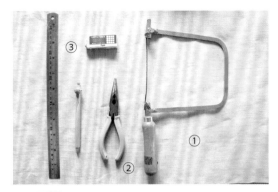

1 弓形鋸

用在鋸切自由曲線外型的線鋸。

2 尖嘴鉗

用於鎖緊弓形鋸。

3 尺／筆／橡皮擦

用來畫出造型及雕刻基準線。

1 工作台

依物件大小挑選適合的工作台，三角區塊用來抵住湯匙等細長型物件。

2 刨台

筷子與飯匙等需要向前施力刨製成錐狀的簡易治具，前端為3mm薄木片。

1 保養油及油擦

刀刃的保養油請使用ikea礦物油或針車油／機油，一般植物油會使刀具生鏽。

2 刨刀

用於整理出平面／斜角等外側凸面線條。

3 牛角刨刀

用於外凸圓角等部位，相較於刨刀，可以順著弧度刨製的牛角刨刀更加順手。

4 鐵鎚

用於調整刨刀出刃量。

1 鑽石砥石

修整磨刀石平面或是缺刃嚴重的刀口。

2 KING STONE 磨刀石 #1000

粗磨階段，與鑽石砥石同功能，但較細一些。

3 KING F-3 磨刀石 #4000

細磨拋光，在此階段打磨後的刀刃會更有光澤，也達到好使用的銳利度。若想達到鏡面效果，可以再用 #6000 或 #8000 號磨刀石打磨，刀刃會更加銳利。

★ **POINT** 刨刀不使用時請側放或反放，以免接觸桌面刀刃可能受損。

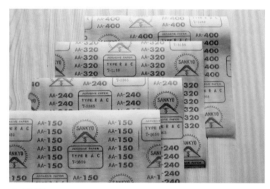

白砂紙

由不同粗細號數120號（150號）、240號、320號、400號的金鋼砂組成，使用的是帶白色砂粒的富士牌砂紙。若使用黑色砂粒的砂紙來製作淺色木器，容易因為砂粒殘留使作品看起來髒掉。

海綿砂紙

將細小砂粒黏合在海棉薄片上的海綿砂紙，實際號數比400號還要更細，用在打磨雕刻過的刻紋面，不會把雕刻質感磨除，卻可以將少量逆紋磨至手感光滑。

★ **POINT** 砂磨是在未雕刻到的部位由粗到細，打磨出木頭本身光澤的重要步驟，打磨到400號的木頭表面會呈現絲絨般的霧面光澤感，而海綿砂紙則是做最後的壓光與刻紋面的光滑手感處理。

玉鳥 180mm 雙面鋸

粗齒用於縱切，細齒用於橫斷，除了雙面鋸切不同木頭方向的優點，無夾背的款式可以鋸下比鋸面更寬的較厚木材（ex：碗／車床木墊片）。

快速夾

夾力較弱，適合膠合對位置時的短時間固定，或是需要暫時加壓的物件。

太棒膠（第三代）

用於黏合木材之間的乳膠，有防水及具彈性等優點。

快乾膠

用於快速黏合車床物件或修補裂縫，長春牌型號155為黏合木頭使用。

B. 電動工具

古早時候的鑽孔工具是手搖鑽，是一件復古但費力的手工具。有電的時代，有幾樣方便攜帶的好用電動工具絕對可以事半功倍，電鑽是必須入手的推薦好物。

電鑽

充電式小型電鑽，重量輕體積小便於攜帶，用來鑽孔或鎖螺絲。

1 **木螺絲**：用於暫時固定車床物件或將木材互相固定住。

2 **十字起子頭**：裝在電鑽上用來鎖緊木螺絲。

3 **沙拉刀（沉孔鑽頭）**：鎖螺絲前的鑽洞及引孔。

4 **鑽頭**：8mm ／ 6mm ／ 4mm ／ 3mm（由左到右）。

C. 機器

除了雕刻挖深之外，切鋸鑽孔等呈現外形的工作都可以由機器代勞。想要更精準且快速製作碗盤等作品時，木工車床絕對是必備的夥伴。而車床依據製作不同的物件需要不同的車刀與配合工具，請依需求購入。

木工車床

用來車製所有圓形同心圓的物件（碗盤立柱……），由機器帶動木頭，手工控制車刀來車削木頭，砂磨也可以快上許多，是一種半機器半手工的製作方式。

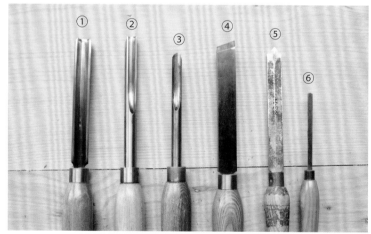

鑽床

取代電鑽的鑽孔功能，可以快速穩定鑽出垂直的孔洞，深度也可以更深，但因為體積龐大重量很重，僅是鑽孔行程要超過10cm（製作單截木筆）的機種都在幾十公斤以上，建議有需求再購買。

車床工具

1 **粗車刀**：修整方料粗胚成圓柱，以整個手掌握刀切削。

2 **碗型刀**：車製橫斷面的盤面。

3 **軸型刀**：車製棒狀物品外型（擀麵棍球棒等）。

4 **斜口刀**：用來切削和刮削細節。

5 **切斷刀**：用來切斷車製物品，或縮小直徑。

6 **圓鼻車刀**：用來車製蛋糕架玻璃罩溝槽。

車床配件

1 **退件桿**：用於敲出車床中的頂針。

2 **四爪頂針**：有爪的頂針款式，可以將材料牢牢抓住而不會打滑。

3 **活頂針（尾針）**：搭配頂針使用，由尾座雙邊固定材料使用。

4 **自攻羅盤**：將木材直接以木螺絲鎖上後，裝上機台車製（鎖於碗內部）

5 **四爪夾頭（燕尾式）**：夾持細長型物件車製（盤子墊料／外撐碗底）最小直徑：39mm 最大直徑：67mm。

6 **隆渥氏夾頭（右上）**：用於修盤底及碗底，須配合夾頭使用。

7 **四爪連動夾頭（最大）**：用於修盤底及碗底，配合橡膠塊固定不傷工作物件。

05 木作基礎加工

手工具的正確使用方式非常重要，用有效率的方式來使用工具製作木器，在這個過程與木頭逐漸熟悉，絕對會是充滿成就感的事情。鑿、鋸、削、刨、磨，5個重要的製作步驟，一個都別漏掉地來學習吧。

「鑿」之前先認識順逆紋

木頭紋理經過裁切造型後在雕刻的過程會有順逆紋方向的差異，也有垂直木紋的方向。一般雕刻盤子都是以垂直方向不斷折斷纖維來雕刻，或是順木紋方向的雕刻方式，逆紋則是與順紋呈現相反方向。遇到逆紋現象就反向180度來雕刻就會是順紋方向。

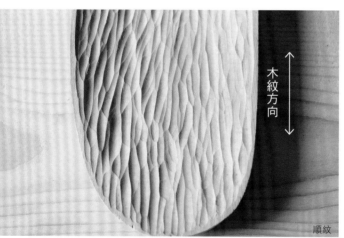

順紋

逆紋

垂直木紋

鑿 丸刀雕刻方式

丸刀雕刻的時候大多會以垂直木紋方向來進行挖凹造型，其餘方向則是以順木紋為最大原則。

鑿 平鑿雕刻方式

平鑿用於雕刻外凸弧線的部位，比起小刀可以更快速鑿削掉木頭。需要注意以平的那面貼著木頭切削，才可以大量削除木頭。

削 小刀雕刻方式

以小刀雕刻時，慣用手握著刀柄，另一隻手的大拇指在刀背輔助推動切削。

紧後用力壓有些微張力

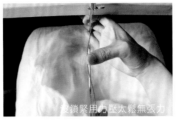

未鎖緊用力壓太鬆無張力

鋸 弓形鋸使用方式

弓形鋸鋸絲組裝時須注意鋸齒朝下，先固定下方後，前端抵著桌面略施緊度在弓形鋸上，再鎖緊上方，使鋸絲有張力彈性。

刨 刨刀使用方式

刨刀可以往前或往後拉動來刨製，須以鐵鎚敲擊上端兩點來控制退刀的量，敲擊刀片來控制進刀的量，固定刀片的鐵片稱為壓鐵，與刀片的距離約在3mm。

磨 砂磨方式

砂磨會以順木紋方向來進行，讓砂磨痕跡隱藏在木紋方向裡。使用方式是將砂紙裁成四等分，再對折成三分之一（避免打滑），以手掌包覆弧線或外凸部位進行砂磨，或包覆在木塊外面來砂磨平面。

06 自製工作台&刨台

DIY工作台

工作台是在製作湯匙、盤子類等物件時，能擋住向前施力力道的製具，
也可以避免傷到桌面，是木作小物必備的幫手。

材料　18×17.5×1.2cm 松木板、17×3×2.5cm 木條2條

工具　太棒膠、快速夾、電鑽、木螺絲、引孔鑽頭

1 準備材料，前方擋塊先以鋸子
　鋸出三角缺口，以便切削湯匙
　類作品。

2 以太棒膠沾取少量於中間。

3 用快速夾膠合30分鐘。

4 電鑽裝上引孔鑽頭鑽出螺絲孔。

5 換上十字螺絲頭鎖上木螺絲。

6 上膠後夾緊另一邊的擋木塊。

7 再次以引孔鑽頭鑽洞後鎖上木
　螺絲。

8 完成。

DIY 刨台

刨台除了可以製作筷子（擋塊比木筷尖端完成尺寸略薄），用來刨製有錐度的作品都很適合，或是整平盤子背面，可以讓刨刀穩穩地向前施力。

材料 30×10×1.2cm 松木板、10×3×2.5cm 木塊、10×2×0.3cm 薄木片

工具 太棒膠、快速夾、電鑽、木螺絲、引孔鑽頭

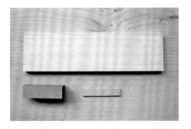

1 準備材料，前端為3mm薄木片。

2 以太棒膠沾取少量於中間。

3 用快速夾膠合30分鐘。

4 電鑽裝上引孔鑽頭鑽出螺絲孔。

5 換上十字螺絲頭鎖上木螺絲。

6 將薄木片上膠黏合。

7 以快速夾固定至膠乾。

8 完成。

07 木器塗裝 & 養護

木器剛完成時表層乾巴巴的，又很容易吸水，木器如果吸入料理水分或各種食物養分而發霉該怎麼辦？除了綠檀之類本身油脂極重比重又大的木種，不太需要上保護油，我們常用來製作食器的胡桃木、櫻桃木、檜木、柚木等，在製作成湯匙木盤等木器之後，都需要第一時間作塗裝防護，以達到避免發霉及殘留食物氣味與湯汁、防水或防潑水、耐高溫（依不同塗料，從 60～200 度都有），甚至可以耐酸鹼等基本效果。這裡介紹 4 種常見的天然木食器塗裝方式：植物油（乾性油／非乾性油）、自製天然木蠟油、德國 AURO 天然硬油、天然生漆，這些塗裝方式，各有其使用時機及優缺點，可以依自己的木器使用習慣斟酌使用。

純植物油：核桃油／亞麻仁油（乾性油）

★★☆☆☆

純植物油的塗裝方式，可說是最容易取得也最方便使用的保養油，但缺點是容易被洗掉，需要十分勤勞上油保養，以及乾燥時間非常長，需要 1～3 個月才能形成真正的有效保護。而植物油又分為乾性油以及非乾性油，是以油品的碘價高低來決定，超過 130 的植物油為乾性油，130 以下則為非乾性油。乾性油在空氣中會逐漸和氧氣產生化學反應而固化，一般油畫使用的就是亞麻仁油，另外常用的乾性油還有桐油、紫蘇油和核桃油等。非乾性油則像橄欖油，放再久也不會固化形成保護層，適合需要長時間接觸加熱環境的木器，比如煎鏟等。

使用方式　核桃去殼用布包起來捏碎，將油脂均勻塗抹在木器上。或從日式超市找榨好的核桃油或亞麻仁油，直接使用。

塗裝後質感　質感樸實，沒有光澤，防護效果低，但能達到基本保養。

使用時機　在木器一完成時作打底，或是買到以亞麻仁油或木蠟油等塗裝的木器時後續的保養油。

優點

- 好取得，價格不貴。
- 完全是可以食用的堅果油，沒有任何安全疑慮。
- 塗裝方式可以增加許多趣味性。

缺點

- 只有單一油種的成分，沒有防水、耐熱等功能。
- 需要多塗 2～3 次到有點光澤，才能達到短暫的防潑水效果。
- 含有少量澱粉質，冷壓未精煉過水分含量高，要經常使用保養才不會發霉。

蜂蠟護木油

★★★☆☆

蜂蠟護木油是以乾性油與蜂蠟調和而成，乾性油有著滲入纖維固化形成保護膜的效果，而蜂蠟則是增加防潑水性，但因為非常容易被洗掉，需要時常保養。以蜂蠟＋亞麻仁油以一定比例所製作的自製木蠟油，比起只有油的塗裝方式，加上蜂蠟可以讓木器更有光澤，也有一定程度的防水效果。

使用方式　以棉布沾取對木器作推光磨擦到溫熱，讓蜂蠟成分滲到內部，木蠟油才不會只留在表面。

塗裝後質感　質感樸實，微光澤，有基礎防護的效果。

使用時機　在木器一完成時作打底，或是買到以亞麻仁油或木蠟油等塗裝的木器時後續的保養。

優點

- 可以自製，價格不貴。
- 完全是可以食用的素材，沒有任何安全疑慮。
- 塊狀蠟油保存容易。

缺點

- 蜂蠟融化溫度約在 60 度，高溫料理的使用環境易融化，須經常保養。

天然木蠟油

A 木工用蜜蠟油：日本尾山製材製作的天然護木油，成分是多種油品（菜種油、亞麻仁油、蜜蠟、椿油、蓖麻油）混合製作而成。

B 蜂蠟亞麻仁油：購自綠兔子工作室，用台灣在地產的蜂蠟與亞麻仁油隔水加熱製成。

C 蜂蠟紅花籽油：木質線自製，用台灣自地產的蜂蠟與紅花籽油（乾性油）隔水加熱製成，蜂蠟：紅花籽油的比例是 1：4。

德國 AURO 硬油（型號：123）

★★★★☆

木器的天然塗裝想要保持原本的色澤，是無法使用生漆的（生漆塗裝會將所有色變成茶色），但又不想要因為木蠟油一直融化變得不防水且需要經常保養，那麼介於木蠟油與生漆之間的就是它了。硬油的成

分是以幾種天然油品混合而成，大部分由亞麻仁油組成，乾燥過程會經化學反應（聚合反應），形成硬膜，其他油品則各有其功能性，並加入天然的乾燥劑加速固化程序，讓乾燥過程縮短至2～4週。只要油品乾燥後形成固化膜再使用，水與髒污就不易進入，但不阻擋空氣分子保持透氣性。都可以達到品質佳的防潑水、耐熱、耐磨性，並有效保護木材，延長使用壽命。

塗裝後質感　質感樸實且有很好的光澤，前期使用有防水保護的效果。

使用方式

step1　砂磨施作木頭表面，建議磨至#240。

step2　表面清潔乾淨後，使用短毛刷沾少量硬油，均勻刷在施作木頭上，薄塗推開油品。

step3　靜待5～10分鐘讓木頭吸收油脂後，即可用布擦去多餘油脂。

step4　等待24小時乾燥。

使用時機　在木器一完成時作塗裝，24小時後再塗第二層，防水效果較好。（非永遠防水，會因使用次數從防水＞略防水＞防潑水＞會吸水但吸水量較少）表層乾燥時間約1～2天，乾透到內層則約2週，因此塗完後2週後再使用較佳。

優點

• 乾燥後無安全疑慮，未乾燥前不可食用。

• 防水性佳。

• 乾燥速度快，光澤表現佳。

缺點

• 因為形態是液狀，並有加速乾燥成分，開罐後須儘快用完。

• 非得裝高溫熱湯時，還是會選擇使用生漆塗裝。

天然生漆

★★★★★

從日本京都漆老店「加藤小兵衛」購入的天然生漆，生漆是一種由漆樹樹皮取出的乳白色汁液，在乾燥後形成的漆膜，能夠耐高溫（200度）、酸鹼、完全防水，是歷史悠久的一種天然塗料。漆是一種乾燥前會讓人發癢的天然塗料（發癢從輕微到嚴重都有，但也有人完全沒影響，甚至可以徒手觸碰生漆），乾燥後則是無毒且安全的，生漆乾燥的環境濕度要高，這是比較特別的地方。

使用方式

拭漆法：戴上塑膠手套隔絕生漆與皮膚接觸，以棉布沾取少量生漆均勻塗佈於作品，再將多餘生漆以布巾推乾。

塗刷法：以刷子將生漆塗佈在作品表面後，再以布巾將多餘生漆推乾。

乾燥：上完生漆後讓作品放置在潮濕的乾燥箱（對生漆來說需要濕度高才能乾燥），靜待漆膜固化，若是表面無黏性，就代表固化完成了，可以再上第二道生漆。施作到第三層就能有不錯的防水效果，光澤也不至於太亮，是我較偏好的上生漆程序，傳統漆器則要上到第七層，才稱得上是漆器。

塗裝後質感　質感復古，光澤極佳，刻紋依塗裝次數會越來越亮，呈現深茶色。若選用閃花木材製作，磨到光亮上漆後會有美麗的茶色虎斑紋理。

使用時機　盛裝高溫料理的食器，如盛裝80～90度熱湯的湯碗，或是放置剛煎炸好的料理（油溫高）。

優點

• 防水性超好，耐酸鹼高溫（200度），對食器使用來說簡直無敵。

缺點

• 怕磨傷刮傷和紫外線（所有天然材質都是怕紫外線分解的，其他油品也是）。

• 需要多道塗裝。

• 上漆的人有可能會過敏發癢。

08 木器的清洗保養

器皿在使用後，總是需要清潔乾淨後晾乾再收納起來，為下一次的上場做準備。木器經過正確的塗裝保護後，是可以碰水清潔並不至於發霉的，這裡告訴大家一些需要注意的後續保養，讓木器可以真正成為我們日常生活中好用的餐桌夥伴！

木器清洗
使用不易刮傷的天然纖維菜瓜布或木漿海綿，沾取中性清潔劑刷洗，並多沖幾次清水將清潔劑沖刷掉，再以亞麻布巾將多餘水分拭乾後，放在晾乾架上順木紋方向晾乾。

日常保養
食器類的保養可以在保護油略顯脫落泛白時，適時地補上硬油或生漆再次塗裝保護。但煎鏟等會接觸高溫的木器有可能會融化塗層，雖然無害，但不適合做硬油及生漆塗裝，建議每週以不會固化又可以食用橄欖油來做養護。

收納
收納木器首重通風與乾燥，不能直射太陽，也無須放在防潮箱裡，太乾燥有可能導致裂開。只要清洗後充分陰乾，並經常使用，木器就不容易發霉了。

餐桌上的木食器

從筷子、湯匙、刀叉到碗盤，全部都由自己親手雕刻製作！在大木桌上擺滿自己雕刻的木器，
與美味的料理一起構成的餐桌風景，這樣的手作日常既療癒又滿足，基本的造型加上不同風
格的雕刻後，就成為了獨一無二的木器。栗子紋、水波紋、編織紋、菊花紋、六角紋，各種
常見於陶器之上的紋飾，呈現在木頭之上時略帶不規則手感的自由曲線，讓木器作品鮮活了
起來！

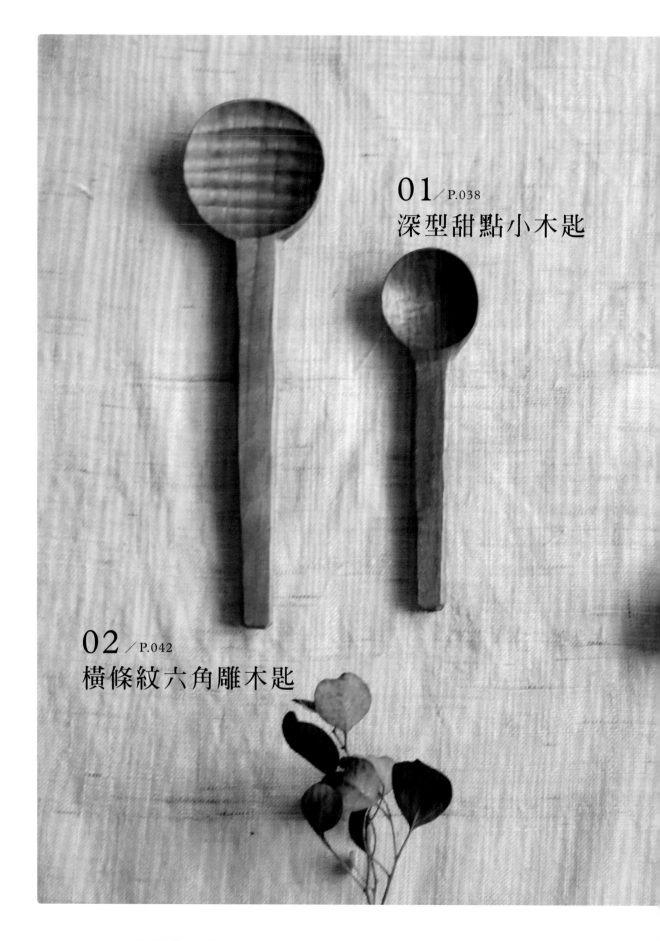

01 ／P.038
深型甜點小木匙

02 ／P.042
橫條紋六角雕木匙

Part 1

木匙

木湯匙是最爲經典的必學食器，
只要稍稍變化匙面大小以及匙柄長短，
就會有不同的功能。

03 ／P.046
栗子紋鯨魚湯匙

01

深型甜點小木匙

吃布丁優格的甜點匙；下午茶咖啡杯旁的攪拌匙；高腳玻璃杯裝著現打果汁用的長木匙；舀鹽巴或糖的調味匙等……。若再把匙柄的造型作變化，加入動植物仿生的概念，就能發展出獨特的系列食器。此款木匙可以學到順向雕刻深木匙的作法，若是將尺寸放大成兩倍，就成了拉麵湯杓，是學會之後可以靈活運用的木匙基本功。

detail

匙子背面就口的弧度需要較平緩，放入口中才覺得與嘴唇貼合，不像是在用玩具湯匙，初學者一般容易做太厚，背部太陡斜度過大，因此重點就在雕刻湯匙背面時的坡度，越接近口緣之處，越要薄。

材料 12×3.5×1.2cm 山櫻花木（可以櫻桃木替代）

工具 弓形鋸、F型夾、工作檯、丸曲15mm彫刻刀、切出小刀、24mm平口鑿刀、400號砂紙、海綿砂紙

作法

① 繪製及鋸下外形

將湯匙外形繪製於木材上，用F型夾固定後，以弓形鋸鋸下。

② 畫出側面曲線

比起完全平面的木湯匙，帶有一點曲線的木匙，使用起來會更順手。曲線大，可以搭配像碗等深型器皿來撈到碗底的食物；曲線小，則用於淺盤等較扁平的器皿，例如：吃咖哩飯或炒飯等。

③ 鋸出側面曲

使用F型夾將材料固定住，以弓形鋸鋸出側面曲線。

④ 雕刻匙面

以丸曲刀將匙面以垂直木紋方向雕刻凹槽（圖1），刻到一定的深度後，會因為丸刀的曲度不足而無法再挖深，此時就要變換成順木紋方向雕刻（圖2）。刻到逆紋處再以垂直方向挖起累積的木屑（圖3），並從另一端再順木紋修整逆紋處（圖4），重複圖1～圖4（此步驟建議在左手戴上防滑手套保護手指），越修越少直到光滑無逆紋（若此步驟難以修到無逆紋，可以最後使用砂紙打磨湯匙底部的逆紋處直到光滑）。

★ POINT 湯匙邊緣記得預留1～2mm的邊界，若太薄在使用時容易割傷嘴巴或邊緣易撞裂；太厚則會影響就口的舒適度（會像是玩具湯匙），最後的步驟使用砂紙砂磨口緣即可。

⑤ 修鑿匙背

以平口鑿刀鑿修湯匙背面的兩側直角，使背面較快成為圓弧形的粗胚。使用時施力方向須與手成一直線，可以較有力地削切木頭。

★ POINT 木匙向前時僅是輕輕地抵著，主要是用握刀的手出力雕刻，以免握木匙的手過於用力，湯匙前端口緣會被壓裂。

（6）**削圓匙背**

小刀靈活度較高，可以輕鬆雕刻
不同的角度。在細部修整的階
段，以小刀慢慢削圓湯匙背面的
圓弧。

（8）**砂磨表面**

使用400號砂紙，將湯匙口緣銳
利處砂磨至圓滑。

★**POINT** 砂紙只須砂磨口緣處
或局部有逆紋的位置，湯匙面及
刻紋面則只須用海綿砂紙輕輕磨
過即可。

（9）**上油**

以紙巾或布沾取保護油均勻塗上。

（7）**切削匙柄**

湯匙握柄的背面及邊角以小刀依
順紋方向切削圓角。正面邊角則
切削小小的斜角；正面鋸痕處只
需淺淺削過一層光滑刀痕即可。

（10）**完成**

上油後呈現質感豐富的手工雕刻紋理。

02

橫條紋六角雕木匙

吃咖哩飯、炒飯這類蓬鬆或濃稠的米飯料理時，所使用的湯匙深度不用太深。放入口中時可以讓每一粒米飯都好好地進到嘴裡，而不會積在湯匙的底部。淺口匙的匙面還可以雕刻上獨特的紋理變化。雕刻簡單耐看的橫條紋時不需要太一板一眼，有點律動感的線條更能傳達手作的心意。背面以六角雕刻技法作爲裝飾，蜂巢般規律且稜線分明的模樣，是可以慢慢練功的進階刻紋。若是初次製作，請別灰心，只要能將匙背刻得順暢圓滑就可以了。

detail
湯匙背面的六角雕紋是先建立一個圓弧形的基礎面後，再雕刻約五排的六角形。匙柄末段的切角修飾是順著匙柄的多面體而斜切的45度角，是追求完美所必須注意的細節。

材料　17×5×1.2cm山櫻花木（可以櫻桃木替代）

工具　弓形鋸、F型夾、工作檯、丸曲15mm彫刻刀、切出小刀、24mm平口鑿刀、400號砂紙、海綿砂紙

作法

① **繪製及鋸下外形**

將湯匙外形繪製於木材上，用F型夾固定後，以弓形鋸鋸下。

② **畫出側面曲線**

以鉛筆畫出將要鋸下的側面曲線。

④ **雕刻匙面條紋**

以鉛筆畫出條紋大致的範圍（圖1），再以丸曲刀將匙面以垂直木紋方向雕刻凹槽（圖2、圖3）。刻到一定深度後，會因為丸刀的曲度不足而無法再挖深，此時須180度轉向，再從對面刻過來，如此可以讓木匙深度再加深一些。

③ **鋸出側面曲線**

用F型夾將材料固定住，以弓形鋸鋸出側面曲線。

⑤ **修鑿匙背**

以平口鑿刀鑿修湯匙背面的兩側直角，使背面較快成為圓弧形的粗胚。使用時施力方向須與手成一直線，可以較有力地削切木頭。

⑥ **畫出六角紋基準線**

六角紋是由一排排的塊狀刻紋交錯重疊而成，因此須在背面畫上像橫條紋般的基準線。

⑨ **砂磨表面**

使用400號砂紙，將湯匙口緣銳利處砂磨圓滑。

★POINT 砂紙只須砂磨口緣處或有逆紋的部份。若是刻得很美的橫條紋及刻紋面，只須用海綿砂紙輕輕磨過即可。

⑦ **削圓匙背**

小刀的靈活度較高，可以輕鬆雕刻不同的角度。細部修整時，以小刀慢慢削出湯匙背面的六角紋。以中間那排為起點雕刻塊狀，再依序向上雕刻。需要注意的是，向上的第二排刻紋下刀位置是在第一排的兩刀之間，交錯雕刻塊狀才會形成六角紋理。

⑧ **切削匙柄**

湯匙握柄的背面及邊角以小刀依順紋方向切削圓角。正面邊角則切削小小的斜角；正面鋸痕處只需淺淺削過一層光滑刀痕即可。

⑩ **上油**

以紙巾或布沾取保護油均勻塗上。

⑪ **完成**

上油後呈現質感豐富的手工雕刻紋理。

03

栗子紋鯨魚湯匙

基本款和進階款都學會之後，我們要讓想像力發揮超能力！取材雙色山櫻花木的白邊部位，作為鯨魚的白肚，流暢曲線的另一端則再取材另一支小鯨魚木匙，完全不浪費任何材料。要在小小的湯匙面加上栗子紋的進階刻法（請參考P130栗子豆皿作法），可說是一項挑戰。而鯨魚尾巴的立體造型像是從菜市場剛買回來的鮮魚模樣般親切。不只是流暢的線條，符合使用湯匙的人體工學也是很重要的，所以若想自己設計造型時，務必以「順手、好用」為最高原則。

detail

鯨魚木匙的尾鰭是比較容易遇到逆紋的地方，需要更小心修整。而匙背延伸到匙柄的線條呈現一個圓弧，就像鯨魚流暢的身軀一般。

材料 17×4×1.5cm ／ 13.5x2.5x1.5山櫻花木（可以櫻桃木替代）

工具 弓形鋸、F型夾、工作檯、丸曲15mm彫刻刀、切出小刀、24mm平口鑿刀、400號砂紙、海綿砂紙

作法

① 繪製及鋸下外形

將湯匙外形繪製於木材上，用F型夾固定後，以弓形鋸鋸下。

② 畫出側面曲線

以鉛筆畫上將要鋸下的側面曲線。

③ 鋸出側面曲線

用F型夾將材料固定住，以弓形鋸鋸出側面曲線。

★POINT 夾住材料時須保持鋸切時木材的平衡和力道，不能夾太大力讓尾巴斷掉。

④ 雕刻匙面條紋

以鉛筆畫出匙面橢圓範圍，再以丸曲刀將匙面以垂直木紋方向雕刻凹槽。刻至一定深度後，畫上栗子紋般放射狀線條，由下往尖點的方向雕刻栗子紋理。

★POINT 1. 弓形鋸鋸過的部位若有高高低低的狀況，可以先用丸刀淺雕一層平面，讓弧線流暢些再開始雕刻匙面。2. 以垂直木紋方向雕刻時，丸刀的曲度會卡住而無法再更深，若因卡住而需要變成順紋方式雕刻，栗子紋的線條感就不見了。因此，此處的栗子紋刻法須注意的是不要挖得太深。

⑤ 修鑿匙背

以平口鑿刀鑿修湯匙背面的兩側直角，使背面較快成為圓弧形的粗胚，遇到逆紋時則翻轉方向進行雕刻。

★POINT 木匙向前時僅是輕輕地抵著，主要是用握刀的手出力雕刻，以免握木匙的手過於用力，湯匙前端口緣會被壓裂。

⑥ 削圓匙背

在細部修整的階段，以小刀慢慢削出鯨魚背面的弧度，以及尾巴的倒角線條。

⑦ **修整細節**

鯨魚握柄的正面及邊角以小刀順紋方向切削圓角，尾巴的立體感則需要用左右來回截斷的方式雕刻出立體感，這邊要特別注意木頭的順逆紋方向。

⑧ **砂磨表面**

使用400號砂紙，將湯匙口緣銳利處砂磨圓滑。

★POINT　砂紙只須砂磨口緣處或有逆紋的部份。若是刻得很美的橫條紋及刻紋面，只須用海綿砂紙輕輕磨過即可。

⑨ **上油**

以紙巾或布沾取保護油均勻塗上。

⑩ **完成**

上油後呈現質感豐富的手工雕刻紋理。

番外篇

如何做出一支順口、順手的木匙？

由一支直通通的木柄延伸出圓圓的凹面，我們稱之爲「木匙」。
若只是以最原始的功能來看，木湯匙似乎不需要多餘的裝飾或造
型；就可以作爲舀取食物的用途。但是當深淺碗盤、湯碗、糖
罐、玻璃杯、咖啡杯等……各種迷人器皿與美味料理的排列組合
出現時，木湯匙的功能和裝飾性設計，立刻變得豐富起來！

爲了更順手、順口而製作的重點設計；爲了放入口中感到順口的
0.2mm 邊緣；爲了剛好將一口米飯放入嘴巴裡的 4cm 湯匙面寬
度；或是最順手的 18cm 長度……。這些被默默設計在一支木湯匙
裡的諸多細節，都會讓大家在第一次使用時，感受到彷彿是「使用
多年還是這麼好用！」般親切又熟悉。

木匙的功能性

木匙分成兩個部位，一個是接觸嘴巴的匙面，另一個則是用手握著的匙柄。木匙面的大小／深度，木匙柄的長度／曲度，造型與材料厚薄等等，都會影響木匙的使用場合。

木匙面的大小／深度

匙面就口的地方影響了順口的程度，要足夠薄，3mm均等的厚度是最適合使用的木匙。若是口緣薄、中心厚的木匙，最厚處也不能超過5mm，以此標準所製作出來的木匙才會順口、好用。

木匙柄的長度／曲度

匙柄的曲度決定了順手的程度，曲度越大，能搭配的器皿深度越深，而且手腕不需要做很大的動作就可以舀取碗底的食物。相對地，因為曲度較大，若是作為環保餐具放在隨身包包內，是較容易折斷的，這時則可以選擇製作曲度較小的平匙。

造型與材料厚薄

特殊造型有著不同的功能性，比如寬大的握把好握，適合還在學習吃飯的小朋友使用。材料厚薄則直接影響匙柄的曲度，越厚的木頭能製作更大的曲度，但因為較厚，在鋸切時也需要更多的力氣，花費更多時間。

匙面大小

匙面寬度決定了湯匙的功能與使用方式，最適口的寬度約在4cm，是可以將湯匙以正面放入口中最剛好的尺寸；5cm以上更寬的木匙無法一口塞進嘴裡，則是以側面進食的方式來使用的。

匙面深度

匙面深度決定了湯匙會用來挖取的食物類型，湯匙夠深（圖右），深約1cm，就可以用來舀紅豆湯、牛肉麵等除了食物也有湯汁的料理，湯匙較淺（圖左），深約0.6cm，則多用在吃炒飯等料理。

 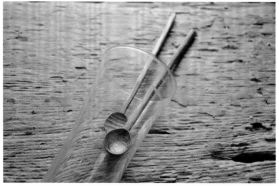

匙柄長度

匙柄長度決定了木匙的主要功能，匙面小而匙柄短的（12～15cm），通常作為甜點匙或咖啡攪拌匙使用；而匙面小而匙柄長的（18～25cm）則當成飲品攪拌匙。一般吃飯最常用的尺寸約在16～20cm之間。

匙柄造型

匙柄造型也和順手程度有所關連，若是稍微偏向一側的右彎匙，右撇子的人使用起來會非常順手，以及夠粗到可以用整個手掌包覆握住的握柄，適合剛學習使用湯匙的寶寶。

側面曲度

側面曲度決定了木匙可以搭配的器皿深度與料理種類，有著曲度的木匙（左圖）可以與裝著香菇雞湯的陶碗或深盤搭配；而曲度較少的平匙（右圖），則多用在盛裝咖哩飯或炒飯等平盤。

材料厚薄

原始材料的厚度決定木匙的曲度及深度，材料越厚（圖左），木匙的曲度越大，曲線也會更加優美，更方便舀取深碗中的食物。深匙的木材厚度約需2～3cm，一般平匙則在1～1.5cm左右，木匙面的材料厚度則約在1～1.5cm。

木匙的裝飾技法

雕刻之所以迷人的地方就在於和繪畫一樣可以自由變化，只是改用丸曲刀代替畫筆來詮釋不同的線條搭配。以線條感明顯的橫條紋及六角紋作爲主角，握柄或背面等部位則以較不顯眼的塊狀或細雕紋呈現，完成的木匙既獨特又不至於眼花撩亂。也可以將動植物造型放入木匙的設計之中，比如松鼠尾巴般握柄的木匙、鯨魚般俏皮圓滑的身形、像是愛心的尤加利葉形狀湯匙面。學會湯匙的基礎型態與雕刻紋理，就可以開始把木匙當成你的畫布了。

匙面條紋

條紋雕刻是以垂直木紋、不斷折斷木頭纖維的方向來雕刻。經常出現在生活中的橫條紋圖案,是最親切的代表性刻紋。

匙面圓弧

以順木紋的方向雕刻圓弧形如雞蛋般較深的湯匙面時,需要由湯匙面前端與後端來回雕刻至深度適當,底部呈現順暢圓弧且無逆紋。雖然是一般湯匙製作的基本功,卻需要練習至少10隻木匙,才能刻出逆紋較少的作品。

匙面栗子紋／菊花紋

更高難度的進階款式,是將木盤的技法應用在木匙面,像是迷你版的小木盤般獨特。但也因為雕刻範圍縮小了,更需要細心雕修匙面。由於丸曲刀的曲度是固定的,切記不能挖得太深。

匙背六角紋

湯匙背面需要足夠大的圓弧才能形成立體的六角刻紋，因此在深匙的背面會比較容易雕刻出六角的紋樣，訣竅是先用鑿刀鑿出粗略弧形，再以小刀來細修六角紋的細節。

匙柄造型（脖子）

匙面與握柄的連接處，最常看到的就是這兩款造型。順暢且無明顯邊界的西洋梨形（圖左），雕刻起來較為順手，整體曲線也比較流暢。而有明顯界線的角度款式（圖右）則需要注意兩側角度的對稱。

匙柄造型（握柄）

加入動植物的仿生造型，有如松鼠尾巴般蓬鬆肥厚的握柄，或是鯨魚彷彿拍打浪花的尾鰭，這些造型彷彿讓木匙活了起來。製作上的細節則須注意順木紋方向雕刻，造型盡量不要取材與木紋呈垂直的易折斷纖維方向即可。

尾端雕刻

寬大且厚的握柄可以切削成圓滑的模樣，而以細長狀縮小收尾的木匙尾端則順著匙柄的倒角切削出多邊形。無論圓滑或方角，兩種風格的收尾，各有各的特色。

雕刻匙柄

將匙柄面以小刀削出塊狀刀痕的基本紋理後，匙柄設計如編織紋樣般的雕刻紋理，或是仿若櫻花枝幹般的特殊造型，都能讓木匙更加獨特。

匙面取材

和造型相關的取材方式，需要積極地蒐集木材才有機會完成。比如以尤加利葉為造型設計的湯匙，使用了帶綠色的朴木製作，或是山櫻花木有白邊的雙色部位當成鯨魚的白肚，都是以木材本身特色來設計的巧思。

01 ╱ P.060
小惡魔水果叉

Part 2

木叉

兩叉、三叉、四叉……
來學學能叉起水果、切下蛋糕、
捲起義大利麵的好叉子！

03 ／P.068
柚木細頸義大利麵叉

02 ／P.064
檜木圓柄甜點叉

01

小惡魔水果叉

若天使的招牌是那對潔白的羽翼，那惡魔的標誌便是那圓潤俏皮的叉子。圓滾滾的叉身線條是惡魔叉的特色；細細的叉尖可以好好叉起甜美的草莓或是微酸帶甜的奇異果切片。有著立體感的水果木叉，只需要用 3mm ～ 6mm 厚度的薄木板即可輕鬆完成。使用不同木色的木材來製作，客人來訪時，將水果叉一字排開整列就會猶如木材圖鑑般有趣！

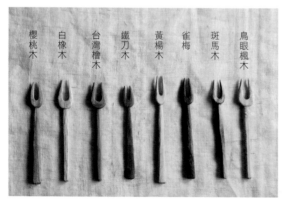

櫻桃木　白橡木　台灣檜木　鐵刀木　黃楊木　雀梅　斑馬木　鳥眼楓木

detail

小惡魔叉最重要的細節在細長的匙柄與圓潤叉面的立體交界處，必須盡可能做到有階差的陰影效果，才會傳神生動。

材料 12×2×0.6cm斑馬木

工具 弓形鋸、F型夾、工作檯、切出小刀、400號砂紙、海綿砂紙

作法

① **繪製外形**

將叉子外形繪製於木材上。

② **鋸下外形**

以F型夾固定後,以弓形鋸鋸下。

④ **削尖叉面**

將叉面往中心點削尖,柄與叉的立體交界以垂直截斷的方式完成。

★**POINT** 交界處的立體感需要刀刃由垂直兩方向來切削才能形成,是小惡魔叉的靈魂細節。

③ **定出側面中心線**

在側面定出中心線,是兩側向中央削成扁平狀時的基準線。

⑤ **削圓叉柄與圓弧**

將叉柄方角的邊線削圓,遇到逆紋則反向削切,圓弧處的削切也須順紋理方向。

⑥ **削切叉內弧線**

用小刀刀尖削切叉與叉之間的弧線，遇逆紋則反向削切。

★POINT　叉內弧線到叉尖容易遇到逆紋整片掀起的現象，需要多注意順逆紋方向，或是在下一個步驟以砂紙砂磨即可。

⑦ **砂磨表面**

以400號砂紙將叉內弧線逆紋不平整處砂磨圓滑。

⑧ **上油**

以紙巾或布沾取保護油均勻塗上。

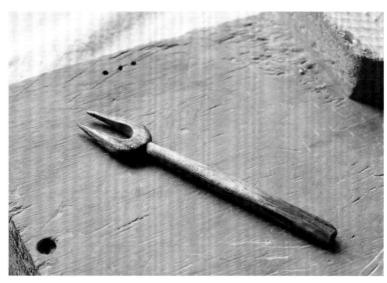

⑨ **完成**

上油後呈現微亮的光澤。

02

檜木圓柄甜點叉

有別於水果叉兩叉的簡易功能，三叉木叉在叉起蛋糕等軟綿的食物時
比兩叉水果叉更好用。使用暖黃色台灣檜木來製作，與蛋糕的暖色調
和諧搭調，削切時能享受撲鼻而來的精油香氣。帶有曲線的叉身，製
作方法與湯匙相似，不同的是叉爪處的厚度需夠薄（約3mm），在叉
起蛋糕前的切下步驟才會順手。圓潤且帶有手雕質感的叉柄，搭配打
磨平滑細緻的叉尖，在簡單的線條中又有著雕刻的手感變化。

detail

甜點叉的長度約在12～15cm之間，由於不會接觸熱食，也可以使用顏色飽和且特別的木材來製作，比如綠
檀木，可以呈現更繽紛有趣的餐桌風景。

材料　14×2.5×1.2cm台灣檜木

工具　弓形鋸、F型夾、工作檯、切出小刀、400號砂紙、海綿砂紙

作法

① **繪製外形**

將叉子外形繪製於木材上。

③ **畫出側面曲線**

畫出側面曲線。

② **鋸下外形**

以F型夾固定後,以弓形鋸鋸下。

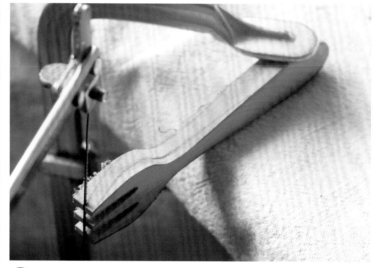

④ **鋸出側面曲線**

以F形夾固定材料,鋸下側面曲線。

⑤ **削薄叉背與圓弧**

將叉背左右兩叉向兩側削薄,遇到逆紋則反向削切,圓弧處也須順紋理方向削切。

⑥ **削圓叉柄圓弧**

將叉柄削圓、削順,遇逆紋則反向削切。

(7) **砂磨表面**

以400號砂紙將叉內弧線逆紋不平整處砂磨圓滑、叉尖處磨尖。

(8) **上油**

以紙巾或布沾取保護油,均勻塗上。

(9) **完成**

上油後呈現檜木飽和的暖黃光澤。

03

柚木細頸義大利麵叉

說到叉子之中的經典，非義大利麵叉莫屬。標準四叉、細長，對稱且微翹的叉爪，叉爪兩側像是下巴般有著俐落的轉折，再延伸到細細的叉頸，往下則是圓潤好握持的圓頭握柄，一如伸展台上模特兒完美的比例。帶有流暢曲線的側面弧度，讓捲起義大利麵的動作，更加符合人體工學。深茶棕色的緬甸柚木叉，搭配加了洋香菜葉與羅勒，酸甜可口的番茄雞肉義大利麵，今天也為餐桌帶來獨特的異國風味吧！

detail
麵叉的作法較特別的是在叉尖末端先打上了3mm的圓洞，讓整體造型更完整細緻，方中有圓，又帶有曲線的叉身，可以說是藝術品般的生活木器。

材料　19×3×2cm 緬甸柚木

工具　3MM 鑽頭、電鑽、弓形鋸、F型夾、工作檯、切出小刀、400號砂紙、海綿砂紙

作法

①　繪製外形

將叉子外形繪製於木材上。

④　畫出側面曲線

畫出側面曲線。

⑤　鋸出側面曲線

以F型夾固定材料，鋸下側面曲線。

②　鑽出叉爪溝槽

以F型夾固定後，將電鑽裝上3mm鑽頭鑽上3個孔，完成的叉爪弧度會更優美流暢。

⑥　削薄叉背與圓弧

將叉背左右兩叉向兩側削薄，遇到逆紋則反向削切，圓弧處也須順紋理方向削切。

③　鋸下外形

以F型夾固定後，以弓形鋸鋸下。

⑦　削圓叉柄圓弧

將叉柄削圓、削順，遇逆紋則反向削切。

★**POINT**　叉背圓弧切削出來後，最後的邊角要再次切削45度倒角，可以增加立體細節與使用順手度。

(8) **削尖叉尖線條**

將叉尖前一公分處削尖、削順，遇逆紋則反向削切。

★**POINT** 削尖叉尖時要特別注意順逆紋，以免整片掀起。

(9) **砂磨表面**

以400號砂紙將叉內弧線逆紋不平整處砂磨圓滑、叉尖處磨尖。

(10) **上油**

以紙巾或布沾取保護油，均勻塗上。

(11) **完成**

上油後呈現柚木獨特的紋理變化與手雕質感。

番外篇

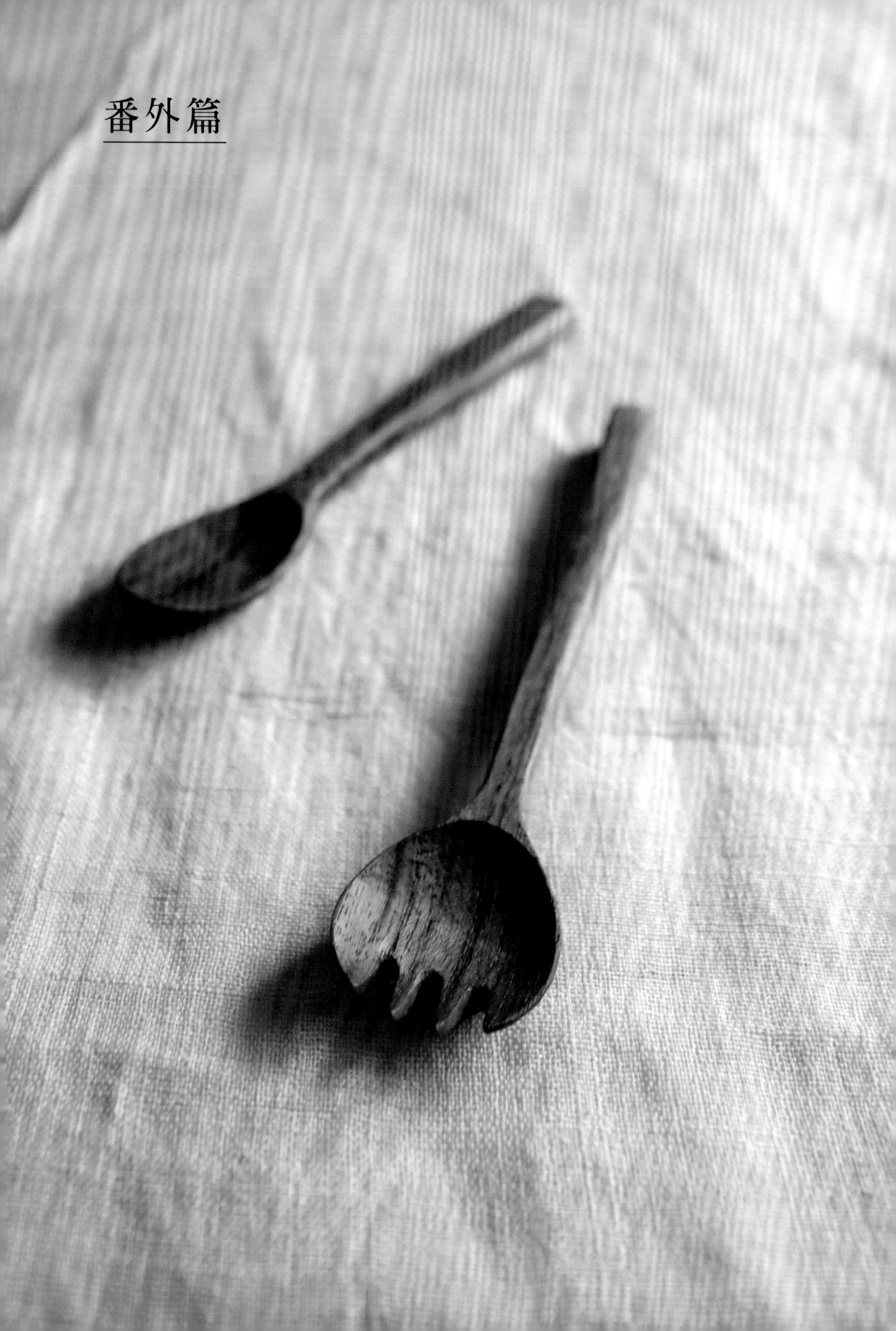

是湯匙還是叉子？

這是木匙還是木叉呢？

叉子形的木匙雖然少見，但讓我們回想一下，是不是曾經在夜市見過它？沒錯，就是在起司馬鈴薯的攤位上！綿密卻結塊的馬鈴薯與烤得金黃牽絲的起司，單單使用叉子或是湯匙似乎都少了這麼一點方便。單使用叉子時，雖然可以把食物順利分塊叉起，但若是沒有一個凹槽來盛裝食物，隨時看來都是搖搖欲墜。但若是只有湯匙功能的話，牽絲的起司又不便挖取。於是當兩者的功能結合，先是叉起起司與馬鈴薯塊，再以湯匙面穩穩地盛起一杓放入口中，兩者的優點互相結合後，叉形木匙就這麼誕生了。

叉形木匙結合木匙及木叉的製作方法，在一開始線鋸外形時便會事先鋸出叉子的部分，叉尖不需太長，以保持住湯匙的樣貌。而後進入湯匙的製作過程時，須注意切削到叉尖時的力道，以免一刀將叉尖削斷，一邊掌握湯匙面的厚度到約 3 ～ 5mm 左右，一邊小心修整湯匙正反面的弧度。

Part 3

木筷

再平凡不過卻也最重要的日常木食器，非木筷莫屬。

舉起它夾上香酥撲鼻的蔥蛋，連著美味甜香的白米飯一併送入口中，再幸福不過了。

03 ／P.084

微雕松鼠柚木筷

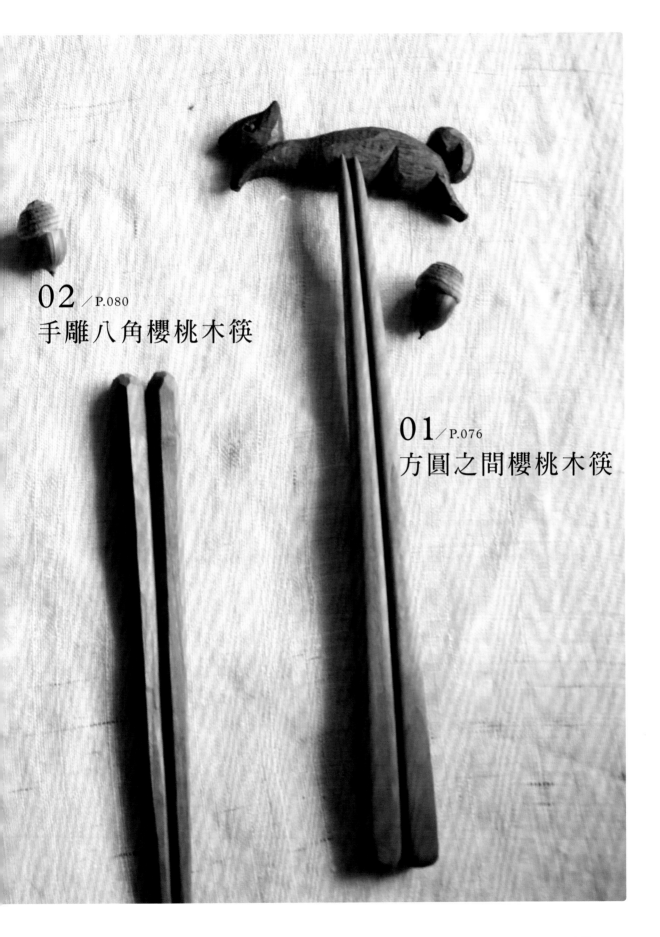

02 ／P.080
手雕八角櫻桃木筷

01 ／P.076
方圓之間櫻桃木筷

01

方圓之間櫻桃木筷

一雙好用的木筷是什麼模樣呢？首方、足圓是木筷的基本型。首方：木筷上半部保持方形，讓平放在桌上時也不會滾動；足圓：下半部則要圓潤且尖，方便夾取、夾斷食物。以首方足圓的型態來變化各種八角或是雕刻出的多角形，並掌握最重要的筷尖細節，最後製作出的一雙絕世好筷，一定會好用到讓你上癮，再也不必忍受有些筷子總是夾不起食物的窘境。

detail

首方足圓的基礎款式僅使用到刨刀與砂紙，算是初學刨刀時的必做清單之一，而使用砂紙也無須考慮順逆紋的問題，練習刨出兩支一模一樣的錐狀方棍吧！

材料　23×1×1cm櫻桃木

工具　木筷專用刨台、刨刀、120、240、320、400號砂紙、海綿砂紙

作法

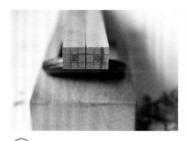

① **繪製九宮格**

將材料一端畫上九宮格，塗黑正中央那一格。塗黑處為要留住的木筷尖端，周圍則要刨削掉。

② **刨削第一面**

將尖端抵在刨台前緣，以刨刀向前刨製斜角，將材料分為三等分，以三階段刨製：

（一）前段最細，刨約30下
（二）中段−前段刨約20下
（三）後段−中段−前段約10下

需要注意的是，為了得到順暢平整的斜角，不是將三段分開只刨前中後，而是要有銜接順序地來刨製，而刨削的次數僅供參考，實際需依尖端九宮格是否已刨到基準線為主。

③ **翻面**

將材料統一往另一側翻轉，繼續刨製斜角。

④ **刨削第二面**

以步驟2的方式繼續刨製斜角。

⑤ **確認九宮格**

已經刨削掉第一面（左側）與第二面（下方）的斜角，確認尖端一樣粗細，而不會有一粗一細的情形即可。

⑥ **翻面**

將材料統一往另一側翻轉，繼續刨製斜角。

⑦ **刨削第三面**

以步驟2的方式繼續刨製斜角。

⑧ **翻面**

將材料統一往另一側翻轉，繼續刨製斜角。

(9) **刨削第四面**

以步驟2的方式繼續刨製斜角。

(10) **確認尖端**

確認尖端塗黑處是一樣粗的正方形，而非平行四邊形。

★POINT　木筷尖端厚度約在3mm是最剛好的粗細，不至於太粗而不好夾斷食物。

(11) **砂磨**

以120號砂紙開始由粗到細砂磨木筷邊緣及兩端，以首（粗端）方足（細端）圓的原則來磨製。

(12) **上油**

以紙巾或布沾取保護油，均勻塗上。

(13) **完成**

上油後呈現光滑的木紋質地。

02

手雕八角櫻桃木筷

不同於首方足圓的砂磨基本款，八角形的筷身與雕上鑽石般紋理的筷首，不但讓圓潤簡單的木筷多了一絲俐落與工整，又帶有手工雕刻不規律的線條感。而更爲尖細的筷尖，除了更好使用，細緻且順暢的手雕紋理也能看出製作者滿滿的用心。一手舉起這雙木筷，一手捧著還冒著煙的白米飯，用餐時刻想必特別暖心，爲家人也爲自己做雙有溫度的手雕木筷吧！

 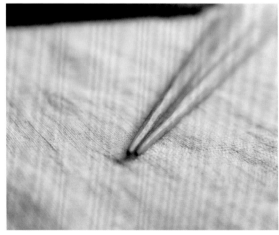

detail

八角形的木筷其實就是把四方形的四個角均勻切削後，自然而然形成的。筷首以將之削圓為原則，做六角凸面的交錯雕刻練習，筷尖則盡量削成尖尖的圓錐體與八角筷身線條拉順。

材料　23×1×1cm櫻桃木

工具　木筷專用刨台、刨刀、切出小刀、120、240、320、400號砂紙、海綿砂紙

作法

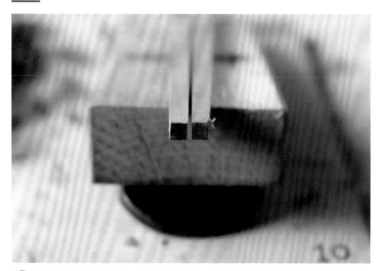

① **重複〈方圓之間櫻桃木筷〉步驟1～10**

確認四個面都是順暢且可以平貼在桌面的斜角。

② **畫出八角形**

在粗的那端畫出八角形,外斜角是要削除的部分,細的那端也在中央處畫上一點。

③ **削出倒角**

將木筷方形的四個邊削出45度的斜角,遇到逆紋則翻轉180度反方向來削。

④ **削尖前端**

將前端約四公分處,像是削鉛筆般,一邊轉動一邊削尖,最後5～6cm處也要削順整體線條。

⑦ 確認尖端

削得足夠細的筷子尖端,可以輕易夾起任何細小的食物,包括一粒米。

★POINT 筷尖前5cm處切削的足夠尖細時,夾取食物會更加輕鬆好用。

⑧ 上油

以紙巾或布沾取保護油,均勻塗上。

⑤ 削切六角鑽石紋

將八角粗端的三角處45度削除一整圈後,再往上繼續削除第二層(削切位置在第一層的兩刀之間),最後平平地削除正上方的八角形即可。

★POINT 筷子頂端鑽石般切面的位置,雕刻方式類似木匙被面的凸面六角刻紋,交錯在下排的兩刀之間下刀,就可以形成俐落的六角雕面。

⑥ 砂磨尖端

以400號砂紙砂磨僅剩約2mm的圓,將之磨尖且圓滑,並用海綿砂紙將整體打磨一遍。

⑨ 完成

上油後呈現立體細緻的模樣。

03

微雕松鼠柚木筷

在筷首加入立體的動物造型，僅僅使用一把切出小刀，就能在 1 公分
的世界雕刻出細緻的松鼠。一支筷子雕刻松鼠本體；另一支雕刻松鼠
尾巴，兩兩靠攏後，就是一隻翹著尾巴坐著討果子吃的超萌松鼠。
而筷尖與木筷本身，也要以手雕的方式將之削得圓滑順暢。木料可
使用帶有自然棕咖色調的緬甸柚木（右圖使用的是櫻桃木），像是松鼠身
上的毛色，且硬度中等偏軟，非常適合新手作雕刻練習。

detail

松鼠木筷在雕刻上是較不容易的部分，可以先研究看看木雕小動物相關書籍再來製作會比較容易上手，雖然
是整本書中最難的作品，但希望大家可以試著挑戰看看！

材料 23×1×1cm 緬甸柚木

工具 木筷專用刨台、刨刀、工作檯、切出小刀、400 號砂紙、海綿砂紙

作法

① 重複〈方圓之間
櫻桃木筷〉步驟1～10

確認四個面都是順暢且可以平貼
在桌面的斜角。

② 畫出松鼠側面模樣

將筷首併攏，畫出松鼠側面圖。

③ 鋸下外形

以弓形鋸將外形鋸下。

④ 定出削除範圍

將正面松鼠臉頰兩側定為高點，
耳朵和脖子是削除部分。

耳朵

脖子

比對一下造型，判斷如何下刀

脖子、前胸

前胸

下臉頰

後背

後背

後背

臉頰

臀部

四肢

四肢

⑤ 削切松鼠本體

開始削切松鼠本體，依序為：耳朵、脖子、前胸、後背、臀部、後腳、
前腳與肚子、臉與眼睛。

★ POINT　明顯凹下小於90度的陰影角度，須以小刀來回不同方向壓
斷的方式來製作（脖子／手與腿／腿與腳掌／腳掌與屁股／尾巴摺皺）。

⑧ **上油**

以紙巾或布沾取保護油，均勻塗
上。

⑦ **削尖筷身**

削得足夠細的筷子尖端，可以輕
易夾起任何細小的食物。

⑥ **削切松鼠尾巴**

雕刻松鼠尾巴翹高卻又折下來的
立體部位。

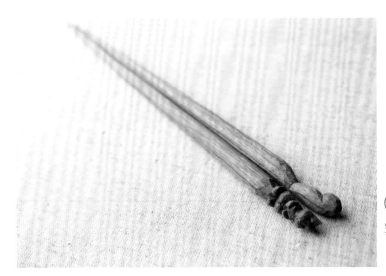

⑨ **完成**

完成充滿雕刻溫度的超萌松鼠筷。

筷子的好搭檔 —— 小松鼠筷架

面對一桌子美味的料理，總要說聲：「我開動了！」拿起一旁的木筷開始用餐，這是對料理及料理者的一分尊重。與家人吃飯時，無論桌上是不是有令人垂涎三尺的烤雞腿，抑或是超級下飯的三杯雞，總得等大家都到齊了才開飯。而筷架就在這時扮演著開飯前的重要角色，筷子在使用前需要乾淨地放在桌上等待著。用餐到一半暫歇的時候也要好好放下筷子，筷架也顯得更重要。小小筷架不僅可以作各種造型變化與雕刻練習，在餐桌上也扮演著帶動氣氛的角色。跳躍踢腿的小松鼠彷彿把餐桌帶到森林裡面去吃一場秋日野餐，頗俏皮可愛。

製作小松鼠筷架只用了線鋸與小刀，將立體陰影的部分切削出來。並削圓腿部、肚子、臉頰、尾巴等圓弧線條，再將眼睛、鼻子、嘴巴等部位用刀尖細微刻畫出來。實際製作上並不是非常困難，可以在練習鯨魚匙及兔子抹刀或是松鼠筷等立體造型之後，再開始練習更進階的松鼠筷架。

Part 4

抹刀

充滿陽光的早餐時刻來片土司，
用兔子抹刀挖上一杓美味的藍莓果醬來回抹上，
以木食器來感到幸福的一天就從這裡開始！

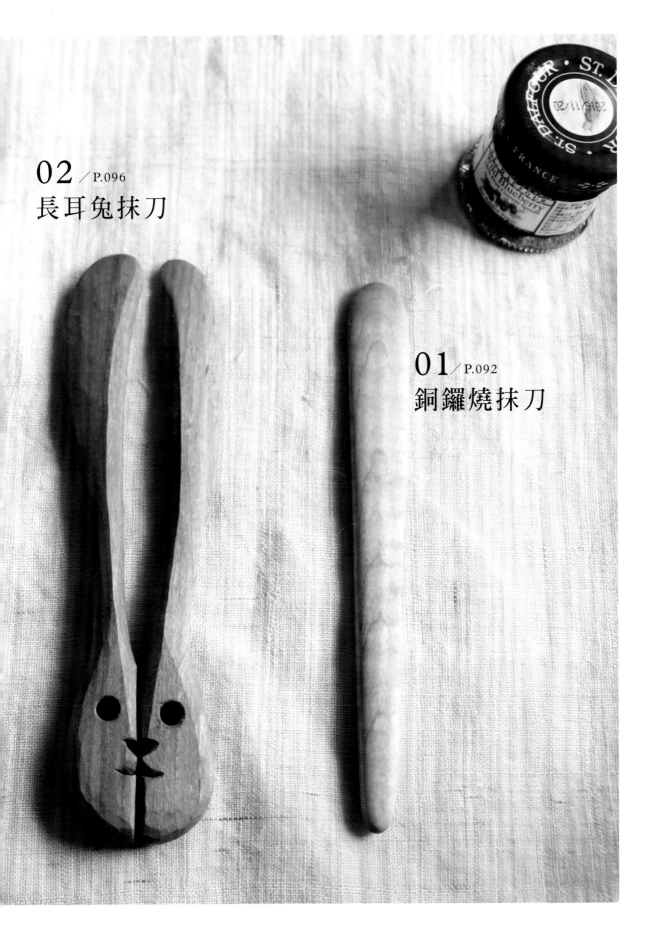

02 ／P.096

長耳兔抹刀

01 ／P.092

銅鑼燒抹刀

01

銅鑼燒抹刀

早餐吐司抹上現磨花生芝麻醬或是草莓果醬，抹刀都是不可或缺的生活道具。銅鑼燒專用的木製抹刀也可以當作奶油刀或果醬刀使用，設計上，因為需要將黏稠的紅豆等餡料抹在餅皮上，會將木頭表面打磨得光滑細緻，因此需挑選毛細孔（導管）較少的木材當作材料，才不會讓餡料卡在纖維上難以清潔。但可以盡情使用閃花部位的美麗木材，在細細打磨後顯現閃耀的光澤，讓簡單的抹刀也有著迷人亮點。

detail

銅鑼燒抹刀適用於任何需要包餡料挖果醬的時刻，因為需要打磨光滑，建議用漂亮的木材來製作。前端盡可能地磨薄且平整，會更順手好用。

材料 16×2×0.8cm閃花楓木

工具 弓形鋸、F型夾、工作檯、切出小刀、120號、240號、320號、400號砂紙、海綿砂紙

作法

① **繪製外形**

將抹刀外形繪製於木材上。

② **鋸下外形**

用F型夾固定後，以弓形鋸鋸下。

③ **定出側面中心線**

在側面定出中心線，是兩側向中央削成扁平狀時的基準線。

④ **削扁刀面**

將抹刀前端往中心點削扁。

⑤ **砂磨表面**

以由粗到細的砂紙將不平整處砂磨圓滑。

★**POINT** 閃花部位需要依序由粗到細把每個砂紙號數磨好磨滿，閃花的光澤才會顯現。

⑥ **上油**

以紙巾或布沾取保護油，均勻塗上。

⑦ **完成** 上油後閃花部位呈現出光澤。

02

長耳兔抹刀

學會了簡易型的基礎款抹刀，接著要來挑戰有著長長耳朵的長耳兔造型抹刀。使用細緻、具光澤的山櫻花木來雕刻，將細長微翹的大耳朵作為抹刀使用面；耳背的稜線則更增添耳朵的立體感；圓胖的臉頰與彷彿在咀嚼的嘴邊肉，就是兔兔的招牌形象。將動物特徵融入簡單的作品之中，讓想像力奔馳吧！

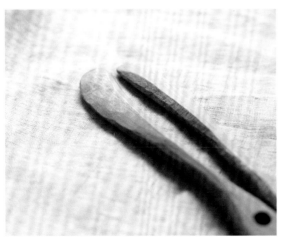 

detail

兔子抹刀的臉頰是握持在掌心的部分，因此需要一定的長度，但也需要注意耳朵與臉的比例，大大的耳朵會比較可愛俏皮。

材料　17×4×1cm山櫻花木

工具　弓形鋸、F型夾、工作檯、電鑽、6mm鑽頭、切出小刀、400號砂紙、海綿砂紙

作法

① **繪製外形**

將抹刀外形繪製於木材上。

② **鋸下外形**

F型夾固定後，以弓形鋸鋸下。

③ **定出側面中心線**

在側面定出中心線，是兩側向中央削成扁平狀時的基準線。

 ④ **鑽孔**

以電鑽鑽出6mm的孔洞（兔子的眼睛）。

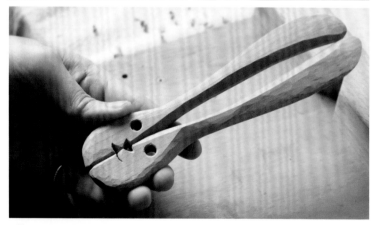

⑤ **削扁刀面**

將抹刀前端往中心點削扁，也適度削圓握柄部分的兔子臉頰，並雕刻出嘴巴肥厚可愛的圓弧線條。以順紋方向雕刻，若遇逆紋則翻轉180度來切削。

★**POINT**　五官的立體感需要以小刀尖端順紋切削些微倒角，耳背（內側）與內耳（外側抹刀面）的立體稜線也是很重要的細節。

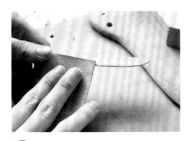

(6) 砂磨表面

以400號砂紙將抹刀前端薄刃處砂磨扁平。

(7) 上油

以紙巾或布沾取保護油,均勻塗上。

(8) 完成

上油後呈現雕刻的手感與溫潤光澤。

Part 5

木碗

捧在手心之間，盛上一碗熱騰騰的白飯或味噌湯，再熱也不怕燙手，是木碗最大的優點。運用木工車床與雕刻兩種技法來製作的木碗，是值得花時間去練習的經典木食器。

02 / P.108
胡桃木手雕栗型碗

01／P.102

細縞紋朴木飯碗

01

細縞紋朴木飯碗

以木頭製作的碗隔熱性佳，木紋與木頭本色所呈現的溫暖質地，有著
陶瓷碗無法相比擬的迷人魅力。搭配外側的細縞紋紋理，除了大大提
升質感，也多了止滑的功能。這款經典的木碗使用好車製、有著獨特
抹茶綠與米色相間的日本朴木，是適合木工車床初心者練習的木種。
總是嚮往捧著親手設計製作的木碗來用餐的畫面，快來親手實踐吧！

detail

細縞紋的雕刻是器皿製作由來已久的裝飾技法，但在木器上可比陶器難上許多，只要注意均等的線條位置慢
慢雕刻即可。

材料　12×12×5cm日本朴木

手刻工具　F型夾、工作檯、丸曲15mm雕刻刀、24mm平口鑿刀、墊木塊、緩衝材料（毛氈塊）、海綿砂紙

車床工具　圓規、鋸子、自攻羅盤、車床、木螺絲×4、螺絲起子或起子機、軸形刀、斜口車刀、燕尾卡爪（夾頭）、碗刀、120、240、320、400號砂紙

作法

A 車製木碗

① **繪製外形**

以圓規繪製最大面積的圓形，以F型夾將材料夾在桌邊，用鋸子將邊角不要的部分鋸下。

② **鎖上自攻羅盤**

將自攻羅盤以木螺絲固定在材料正面中央後，上車床。

③ **車削背面**

1. 以軸形刀車削側面使木料成為正圓。
2. 以軸形刀整平碗底，並畫出碗底部燕尾型內凹範圍。
3. 以斜口車刀修出燕尾內凹。
4. 以軸形刀車削外側弧線，刀口朝碗口方向來車削。

④ 車削碗內側

1. 自攻羅盤鬆開後，換上燕尾卡爪，將剛才車削的燕尾型碗底空間內撐在燕尾卡爪上。
2. 碗刀由外而內向中心點車削，車刀架需要隨著車製的深度向內移動，以便車削深度。

⑤ 砂磨碗內側

以砂紙由粗到細砂磨碗內側到光滑，外側未雕刻到的上半部和碗口邊緣也要砂磨細緻。

作法

B 雕刻細縞紋

① **固定材料**

畫出基準線與雕刻範圍，並以緩衝材料墊在碗內側及外側，以F型夾固定在桌上。

③ **修鑿邊角**

使用平鑿順紋修鑿銳利的邊角處。

④ **砂磨表面**

使用海綿砂紙將所有部位仔細砂磨至手感滑順。

⑤ **上油**

以紙巾或布沾取保護油，均勻塗上。

② **雕刻細縞紋**

以丸曲刀由上而下的雕刻放射狀線條，上細下粗，每刀之間都要交疊到形成乾淨稜面。

⑥ **完成**

上油後呈現質感豐富的手工雕刻紋理。

02

胡桃木手雕栗型碗

以堅硬的黑胡桃木車製寬扁形木碗，圓扁的身形和微微地向內收束的碗口，是不可不注意的細節特色。內側打磨至光滑，在盛裝食物後更易於清洗及保養。而外側則加上具有特色的雕刻，巧妙運用兩種表面處理，兼具美感及實用性。以淺丸鑿刀細細雕刻外緣底部的點狀手雕紋理；上緣則在車床上事先打磨光滑，在恰好是栗子分色的部位取材，更能呈現板栗的神韻與特徵。

detail

栗紋淺碗的雕刻比較隨興一些，但會用到淺丸鑿刀這支比較特別的刀，可以刻出略為下陷的點狀紋理，比起平鑿更為立體，又比丸刀再低調一些。

材料　16×16×5.5cm 黑胡桃木

手刻工具　Ｆ型夾、工作檯、淺丸24mm鑿刀、墊木塊、緩衝材料（毛氈塊）、海綿砂紙

車床工具　圓規、鋸子、自攻羅盤、車床、木螺絲×4、螺絲起子或起子機、軸形刀、斜口車刀、燕尾卡爪（夾頭）、隆渥氏夾頭、碗刀、120、240、320、400號砂紙

作法

A 車製木碗

① **繪製外形**

以圓規繪製最大面積的圓形，以Ｆ型夾將材料夾在桌邊，用鋸子將邊角不要的部分鋸下。

② **鎖上自攻羅盤**

自攻羅盤以木螺絲固定在材料正面中央後，上車床。

③ **車削背面**

1. 以軸形刀車削側面使木料成為正圓。
2. 以軸形刀整平碗底，並畫出碗底部燕尾型內凹範圍。
3. 以斜口車刀修出燕尾內凹。
4. 以軸形刀車削外側弧線，刀口朝碗口方向來車削。
5. 以斜口車刀修出碗口緣收束弧線。

④ **車削碗內側**

1. 自攻羅盤螺絲鬆開後，換上燕尾卡爪，將剛才車削的燕尾型碗底空間內撐在燕尾卡爪上。
2. 碗刀由外而內向中心點車削，車刀架需要隨著車製的深度向內移動，以便車削深度。

⑤ **砂磨碗內側**

以砂紙由粗到細砂磨碗內側到光滑，外側未雕刻到的上半部及碗口邊緣也要砂磨細緻。

① **固定材料**

沿著碗口緣向下2cm處畫出雕刻範圍，並以緩衝材料墊在碗內側及外側，以F型夾固定在桌上。

⑥ **車製碗底**

將碗以隆渥氏夾頭固定，以碗刀車製碗底圓弧，最後砂磨碗底至光滑。

② **雕刻紋理**

以淺丸鑿刀雕刻碗外側的部分。

③ **砂磨**

使用海綿砂紙將所有部位仔細砂磨至手感滑順。

④ **上油**

以紙巾或布沾取保護油,均勻塗上。

⑤ **完成**

上油後呈現質感豐富的手工雕刻紋理,
碗內則保持光滑,便於清洗。

番外篇

飯碗 & 湯碗好用的秘密

飯碗

吃飯的時候，我們總得一手端碗，一手持筷，再將香軟可口的米飯送入口中，在這樣平常不過的動作之下，隱藏著簡單卻必要的設計思維。碗的大小為何總是剛好合於掌心？因為這樣的尺寸方便於從各個角度單手拿取。另外，越接近口緣處越要薄，對中等偏軟的木頭材質來說，2～3mm 是最佳厚度。再薄的話，雖能展現工藝的極致功力，完成的作品卻容易一撞就裂。製作一只不易撞碎卻又好用順手的木碗，才能真正打從心底喜愛，並願意日日使用它。

上方拿取

側向拿取

拿起後合於掌心

湯碗

木頭做的碗可以裝熱湯嗎？其實只要改變塗裝的方式，也就是以天然生漆來做多道保護，除了可以防水、耐高溫、耐酸鹼，完成的作品就是耐熱的漆器。木頭本身傳遞溫度較爲緩慢，不僅可以保溫較久，也不會有陶瓷器常見的燙手問題。湯碗比起飯碗會略高一些，方便盛上一碗七八分滿的蔬菜味噌湯，而不會將熱湯撒在手上。

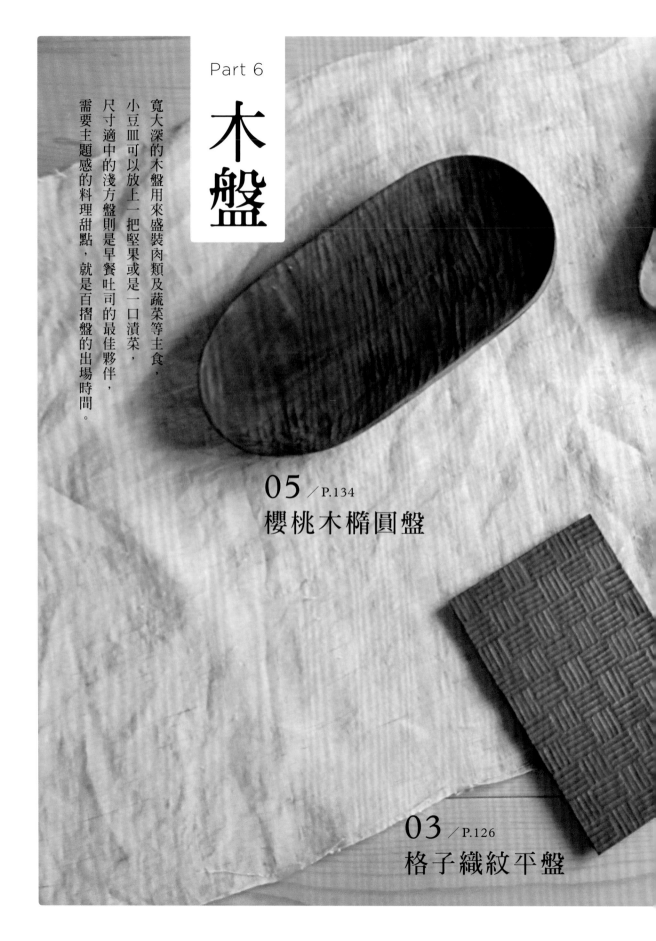

Part 6

木盤

寬大深的木盤用來盛裝肉類及蔬菜等主食，小豆皿可以放上一把堅果或是一口漬菜，尺寸適中的淺方盤則是早餐吐司的最佳夥伴，需要主題感的料理甜點，就是百摺盤的出場時間。

05 ／ P.134

櫻桃木橢圓盤

03 ／ P.126

格子織紋平盤

02 ／ P.122
厚朴木深方盤

04 ／ P.130
□子殼紋樣豆皿

01 ／ P.118
神代櫸木淺方盤

06 ／ P.138
手雕寬沿百摺盤

01

神代櫸木淺方盤

簡單耐看的水波刻紋圓角淺方盤，木料用的是有著上千年歷史的神代櫸木，不同於新鮮櫸木銀杏葉般的薑黃色，經過地底下千年醞釀後形成的深茶色，不僅木色層次豐富，質地也特別堅硬，不易被蟲咬或腐壞。將四個方角修整成圓角，端在手中更能合於掌心。細細雕上手鑿紋理的側邊斜角，刻意留下俐落的尖角而不鑿圓，圓中有方、方中有圓，線條單純，造型卻不簡單。

detail

約5吋的淺方盤，是器皿類經常出現的實用尺寸，作為分菜盤或一人分的水果點心盤都剛剛好，是初次製作木盤必學的基礎款式。

材料　16×16×1.8cm 日本神代欅木

工具　弓形鋸、F型夾、工作檯、丸曲18mm彫刻刀、刨刀、24mm平口鑿刀、120、240、320、400號砂紙、海綿砂紙

作法

① **雕刻盤面**

以丸曲刀雕刻盤面深度，約刻除中央最深處1.2cm深度的木頭，四邊則呈現順暢弧線即可。

② **鋸下外形**

以F型夾固定後，用弓形鋸將邊緣4個圓角鋸下

③ **定出側面邊緣線**

在側面定出邊緣線，是刨製側面斜角時的基準線。

④ **刨出側面斜角**

以刨刀將背面的端面處先刨出45度斜角至鉛筆線，再刨製順紋面，並以平口鑿刀雕刻塊狀質感。

⑤ **砂磨表面**

以由粗到細的砂紙打磨側面及正面邊緣、背面平面和邊角處的微倒角，最後再以海綿砂紙打磨。

★POINT　以海綿砂紙打磨過雕刻時垂直木紋的部位，觸感才會光滑不刮手又能保留雕刻紋理。

⑥ **上油**

以紙巾或布沾取保護油，均勻塗上。

⑦ **完成**

上油後呈現雕刻的紋理與神代櫸木特有的深茶棕色。

02

厚朴木深方盤

淺盤再挖深一點，就變成深盤了。在側邊立面的位置，雕刻方塊狀的直紋理雕紋，用來盛裝淋上油醋醬的季節烤野蔬，讓用心料理的餐桌時刻心情更美麗。使用有著淡淡抹茶綠的厚朴木，並挑選帶一點點白邊的部位來製作，讓獨特的綠色襯托得更為顯眼。質地中等偏軟的朴木不僅適合新手雕刻，作為日常使用的器皿，也時常被隨著光影變幻的神祕綠色吸引目光。

detail

寬厚且帶有深度的方盤邊緣有足夠的空間來雕刻方塊狀的裝飾技法，會是十分吸睛的美麗細節，來挑戰看看不同部位的雕刻方式吧！

材料　25×25×3cm厚朴木

工具　弓形鋸、F型夾、工作檯、丸曲18mm彫刻刀、刨刀、24mm平口鑿刀、24mm淺丸口鑿刀、120、240、320、400號砂紙、海綿砂紙

作法

① **雕刻盤面**

以丸曲刀雕刻盤面深度，將木頭刻除，中央最深處約為2cm深度，四邊則呈現順暢弧線即可。

③ **刨出側面斜角**

以刨刀將端面處先刨出45度斜角，再刨製順紋面。

② **鋸下外形**

以F型夾固定後，用弓形鋸將邊緣四個圓角鋸下。

④ **鑿修側面**

將材料抵在桌沿，以淺丸鑿刀鑿修木盤側邊立面，使之呈現方塊狀雕紋。

⑤　砂磨表面

以由粗到細的砂紙打磨斜面及正面邊緣、背面平面和邊角處的微倒角，最後再以海綿砂紙打磨。

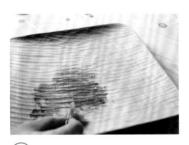

⑥　上油

以紙巾或布沾取保護油，均勻塗上。

⑦　完成

上油後呈現雕刻的紋理與朴木特有的抹茶綠色。

03

格子織紋平盤

織物細緻且規律的紋理排列，轉化成雕刻紋樣飾於盤面之上，需要掌握好每一刀刻下的力道，不長不短，不寬不窄地排列出格子狀刀痕。每格2×2cm的小正方形，每一格內5條刻紋，格子與格子間的分界則需90度轉向來表現編織紋理交錯的經緯線。用細丸刀雕刻時，刻紋的起伏與稜線會更加明顯，在陽光照射之下，木頭經由雕刻後產生的紋理光澤，更能顯出刻紋的細膩別緻。

detail

平盤類作品更好呈現複雜細緻的雕刻紋理，而平盤的使用場合也比想像中來得多，作為糕點類的托盤極為合適，一邊欣賞迷人雕紋的午茶時光想必十分幸福。

材料 20×12×1cm 日本櫻花木

工具 F型夾、工作檯、丸曲12mm彫刻刀、刨刀、24mm平口鑿刀、120、240、320、400號砂紙、海綿砂紙

作法

① **繪製格紋**

以鉛筆與尺繪製間距為2cm的格狀，並以每隔一格在格子裡打上勾勾記號，代表雕刻紋的方向。

③ **刨出側面斜角**

以刨刀將背後側面四邊刨出斜角，由於邊角處會有撕裂的現象，因此端面（短邊）先刨，再刨順紋方向（長邊）。

② **雕刻格紋**

以丸曲刀在順木紋方向的打勾格子內，雕刻每格五條的細條紋，整面雕刻完後，再轉90度方向繼續雕刻垂直木紋方向。

④ **鑿修倒角**

以平口鑿刀順紋少量鑿修木盤正面尖銳的邊角。

⑤ **砂磨表面**

以由粗到細的砂紙打磨背面斜角、背面平面和邊角處的微倒角，最後再以海綿砂紙打磨。

⑥ **上油**

以紙巾或布沾取保護油，均勻塗上。

⑦ **完成**

上油後呈現雕刻的紋理與閃花木紋。

04

栗子殼紋樣豆皿

在10cm見方的範圍裡，一天之內就能完整地以合適的刻紋搭配木盤
造型練習各種大盤、深皿的技巧。像是栗子造型的木皿搭配栗子外殼
條紋般的手雕紋理；在蘑菇碟刻上傘狀線條或在小鳥豆皿雕出細長水
波刻紋……。另外，只要稍稍放大至15cm或20cm的中大型尺寸，
便能成為盛裝日常家庭料理的大盤。

detail

除了單純雕刻栗子殼紋樣的豆皿練習，也可以做挖深的栗子盤款式。這裡使用的是帶有溫暖雜貨風格的米白
色鬼胡桃木，是日本人氣極高的木頭。

材料 10×8×1cm 印尼紫檀木

工具 弓形鋸、F型夾、小工作檯、丸曲15mm雕刻刀、20mm平口鑿刀、海綿砂紙

作法

① **繪製外形**

畫出外形及栗子刻紋的基準線，寬約在8mm左右（最大不超過丸刀寬度）。鉛筆線是刻紋高點，高點之間的範圍將被挖出凹陷，形成立體刻紋。

② **挖鑿**

順著鉛筆線之間的範圍一刀刀刻下，需要注意的是運刀方向須順著原本所繪製的刻紋範圍前進。

④ **斜向刻時以F型夾固定木頭**

為了要順刻紋方向刻出弧形，在雕刻斜向刻紋時，另一側可用F型夾輕輕夾住固定，讓雙手可以專心雕刻作品，細節也會更漂亮。

③ **找到下刀角度**

找到下刀的角度後，以起頭刻的量少、中段持平、尾段刀口上翹量少順出去的原則，每刀約刻除1～2公分長度的木屑。別一次刻太厚，以少量多次來進行。

⑤ **尖點減少刻的量**

栗子殼紋理最難之處就是收尖的部份，訣竅是將刻的量減少到一點點，疊過左側剛剛刻寬的路徑，刻紋自然會一條條地被收尖到頂點。

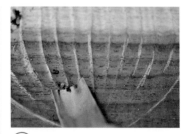

⑥ **修逆紋**

為了讓作品更細緻，修飾逆紋是一大重點。尖點朝上雕刻時總會在高點一側有不順暢的撕裂逆紋，這時只要將木材翻轉180度，修整那一側的逆紋即可。

⑦ 線鋸外型

使用弓形鋸來回鋸出外型。訣竅是保持垂直向下拉動鋸木，向上僅是滑上來，遇曲線則一邊拉動一邊轉彎才會順暢。

⑩ 修出背面斜角

以 F 型夾輔助，將雕刻部位略凸出工作台，以平鑿少量多次薄削。方向是從栗子尖端往側邊前進，不時轉換角度將斜角雕刻出紋理。

⑪ 依順紋方向彫刻

在栗子造型上有著順逆紋的規律，原則是遇到逆紋就換個方向刻，順紋方向是由栗子尖點往端面雕刻（白箭頭），下方則是從四分之一圓起始點往端面雕刻（黑箭頭）。

⑧ 修平正面斜角

鋸完後一定會有不順暢的歪扭線條，用平鑿平貼著正面，以 45 度斜向由栗子尖點朝側邊少量薄削出斜角，再將平鑿成 90 度平貼木盤側邊修飾外形。

⑨ 完成正面

正面完成後，側邊雕出斜面使栗子豆皿有端盤的效果，提高作品的完成度與細緻層次。

⑫ 完成

背面斜角完成後，呈現大小不一的刀痕。最後再檢查有沒有被漏掉的小細節，粗糙的部分可使用海綿細砂紙砂磨到觸感滑順，再塗上保養油，即完成。

05

櫻桃木橢圓皿

厚實有重量感的橢圓皿,適合擺放一整排切片花壽司等片狀或有主題感的料理。選用櫻桃木閃花的部位製作,在光線下有著雲朵般閃動的木紋肌理,加上雕刻後的波光粼粼,甚是迷人。橢圓皿用手捧起時,剛好合在雙手掌心的兩個圓弧形底部,端上桌的過程也給人一種料理被用心對待的感受。橢圓皿的雕刻練習著重在盤面的斜向雕刻紋理,以及盤底側面大且平緩的圓弧部位雕鑿。

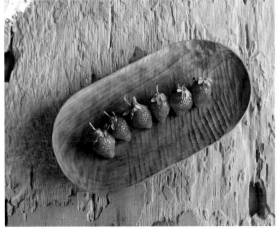

detail

閃花櫻桃木的閃花部位雕刻訣竅是與木紋成45度斜向雕刻,會比較容易避開逆紋的現象。有一定深度的盤子,也需要使用曲度大的丸曲雕刻刀。

材料　30X15X3cm 櫻桃木

工具　丸曲18mm 彫刻刀、F 型夾、弓形鋸、工作檯、刨刀、24mm 平口鑿刀、120 號、240 號、320 號、400 號砂紙、海綿砂紙

作法

（1）**雕刻盤面**

以丸曲刀雕刻盤面深度，將木頭刻除，中央最深處約為2cm深度，四邊則呈現順暢弧線即可。

（2）**鋸下外形**

以F型夾固定後，用弓形鋸將邊緣4個圓角鋸下。

（3）**刨出側面斜角**

背面朝上以刨刀將側面整圈刨出圓弧粗胚。

（4）**鑿修側面**

將材料夾在桌面，以平口鑿刀順紋鑿修木盤側邊。

⑤ **砂磨表面**

以由粗到細的砂紙打磨正面邊緣、背面平面和邊角處的微倒角，最後再以海綿砂紙打磨。

⑥ **上油**

以紙巾或布沾取保護油，均勻塗上。

⑦ **完成**

上油後呈現雕刻的紋理與閃花木紋。

06

手雕寬沿百摺盤

寬沿的百摺造型表現在陶器上並不少見，可說是經典又好搭配的熱門款式，近來也在木食器的領域流行起來。此款木盤需要先以車床車製外形初胚，並保留部分光滑質地砂磨至細緻，再一刀刀雕刻出一整圈寬約3cm規律的放射狀紋理，讓盤中央的食物像是主角般受到注目。20cm的中盤放上各種類型的切片蛋糕或點心都十分剛好。百摺的刀痕寬度與盤沿寬度也可以自由放大或縮小，製作不同感受的百摺木盤。

detail
百摺盤規律且放射狀的雕刻紋理，只要注意以刀具修順逆紋，不要過度使用砂紙，就可以保留住分明立體的稜線。

材料　21×21×2cm櫻桃木、5×5×2cm圓木片

手刻工具　F型夾、工作檯、丸曲15mm彫刻刀、墊木塊、緩衝材料（毛氈塊）、海綿砂紙

車床工具　圓規、鋸子、F型夾、車床、軸形刀、斜口車刀、隆渥氏夾頭、120、240、320、400號砂紙

作法

A 車製木盤

① **繪製外形**

以圓規繪製最大面積的圓形，再以F型夾將材料夾在桌邊，用鋸子將邊角不要的部分鋸下（或使用線鋸機）。

② **黏合木片**

將圓木片以快乾膠固定在材料背面中央後，上車床以夾頭夾持，一邊轉動一邊調整同心圓程度。

③ **車削正、背面**

1. 以軸形刀車削側面使木料成為正圓。
2. 以軸形刀整平盤面，並挖出盤面內凹範圍（預留3cm邊緣）。
3. 以斜口車刀修出3cm邊緣的向內斜角。
4. 以軸形刀車削盤外側弧線，刀口朝盤沿方向來車削。
5. 以砂紙由粗到細砂磨正面內凹處與外側斜角。
6. 以鋸子鋸下圓木塊。

B 雕刻百摺紋

④ **車削底部**

1. 以隆渥氏夾頭夾持木盤,盤底朝外車製底部。

2. 以砂紙由粗到細砂磨盤底部。

⑤ **雕刻百摺紋**

以緩衝材料墊在盤面內側,以F型夾固定在桌上,順著邊緣以丸曲刀雕刻一圈。

★**POINT** 若只由外朝內雕刻,會遇到局部逆紋的現象,此時需要將局部逆紋的部位反向由內而外雕刻,就可以修整到幾乎無逆紋的狀態。(步驟3)

⑥ **砂磨**

使用海綿砂紙將所有部位仔細砂磨至手感滑順。

⑦ **上油**

以紙巾或布沾取保護油,均勻塗上。

⑧ **完成**

上油後呈現質感豐富的手工雕刻紋理。

番外篇

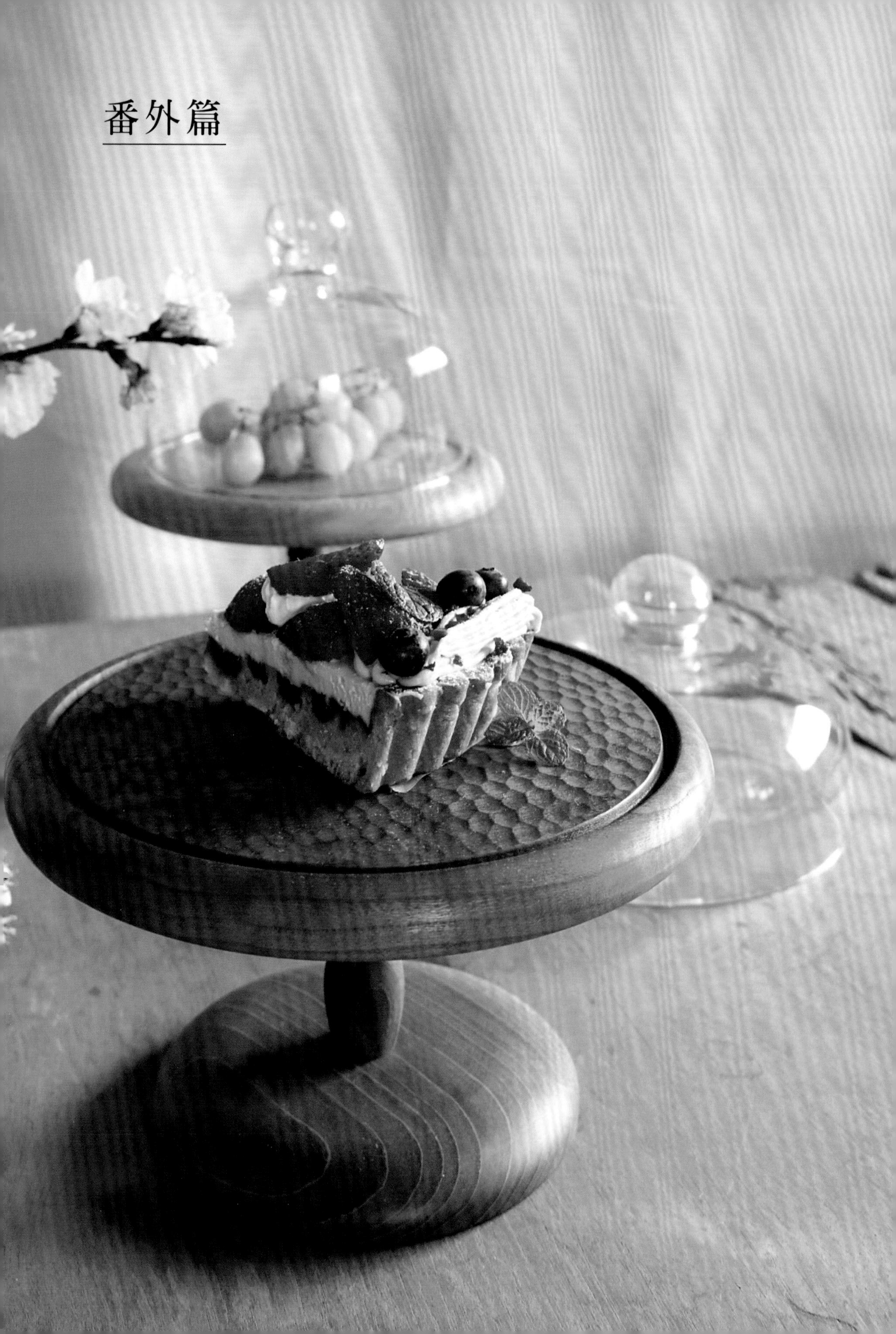

盤的組合 —— 六角紋蛋糕高腳皿

用來襯托料理的器皿可以是很日常的圓盤或方盤，但偶爾想要盛裝手工甜點來迎接客人，或是生日蛋糕主角般的情境，只要端出罩上玻璃罩的蛋糕高腳皿，滿滿的氣勢與被好好重視的溫暖感受便不言而喻。這款懸在空中的高腳皿，除了歐式復古的立柱造型、圓潤厚實像手工餅乾般的比例，盤面還搭配簡單耐看的六角紋雕刻裝飾，美得令人窒息。在家中就算放置個水果或餅乾，作為臨時的防塵遮罩也非常合適，讓家裡的木餐桌一隅化為夢想的甜點店吧！

材料 櫻桃木21×21×2cm、圓木片5×5×2cm、柚木15x3x3cm、柚木15x15x3.5cm、玻璃罩

手工具 丸曲18mm雕刻刀、墊木塊、緩衝材料（毛氈塊）、工作檯、海綿砂紙、F型夾

車床工具 車床、圓規、軸形刀、切斷刀、圓鼻車刀、快乾膠、頂針、四爪連動夾頭、夾頭、自攻羅盤、120、240、320、400號砂紙、鋸子、電鑽、2cm鑽頭

作法

A 車製蛋糕架上部

① **車製夾持用圓木片**

將事先準備好的圓木片先夾持在夾頭上，並車製出平整面，以便和木盤背面黏合。

② **黏合木片**

正面畫上原先的中心點與玻璃罩內外直徑的大圓後，尾針指向中心點，與圓木片貼合後固定在車床上，以瞬間膠黏合。

③ **車削盤面**

1. 以軸形刀車削側面使木料成為正圓。
2. 以軸形刀修出正面圓角。
3. 以軸形刀修出背面圓角，使正反面圓角交會成順暢圓弧。
4. 以圓鼻車刀車削玻璃罩溝槽，一邊車製，一邊停機測試玻璃罩是否合的上溝槽的深度與寬度，並隨之做細微調整。
5. 以砂紙由粗到細砂磨邊緣圓角與玻璃罩溝槽。
6. 以鋸子鋸下圓木塊。

B 車削底座

④ 鑽出木架孔

1. 以四爪連動夾頭夾持木盤，盤底朝外，輕輕旋轉車床，畫出中心點。
2. 以電鑽裝上2cm鑽頭（或使用鑽床），鑽出至少1cm深的深度（最深不超過木盤厚度三分之二）。

★POINT　盤沿處已經車成圓角，用平爪夾持固定高速旋轉時會打滑，因此背面須以手工刻除剩餘的墊木料（見146，D雕刻盤面六角紋）。

1. 將底座材料鎖上自攻羅盤
2. 以軸形刀車削側面使木料成為正圓。
3. 以軸形刀修出正面大圓角。
4. 以砂紙由粗到細砂磨正面。
5. 一邊旋轉車床，一邊以鉛筆定出中心點。
6. 以電鑽裝上2cm鑽頭（或使用鑽床），鑽出至少1cm深的深度（最深不超過木盤厚度三分之二）。

C 車削立柱

1. 以木槌敲擊頂針，於木條正反面中心敲出凹洞後固定在車床上。
2. 以軸形刀修出圓柱形粗胚。
3. 以軸形刀車削立柱造型，立柱高度約在8～10cm。
4. 以切斷刀車削前後1cm範圍的階差，直徑為2cm，用於嵌入盤面及底座。
5. 以砂紙由粗到細砂磨立柱，完成後質地光滑。
6. 以鋸子鋸下前後立柱。

D 雕刻盤面六角紋

① 雕刻背面墊料

以丸刀刻除背面餘料及殘膠。

② 盤面六角紋

使用丸刀將盤面刻出六角紋哩，訣竅是由下往上雕刻，第二排的下刀位置是在兩刀的中間，交錯向上雕刻才會形成六角紋。

③ 砂磨

使用海綿砂紙將所有部位仔細砂磨過,使之手感滑順。

④ 組裝

將3件依序組裝起來,若相嵌的部分十分密合,則不須使用木工膠黏合;若略鬆,則須黏合,會較為牢固。

⑤ 上油

以紙巾或布沾取保護油均勻塗上。

⑥ 完成

上油後呈現質感豐富的手工雕刻紋理。

Chapter
3

廚房裡的料理道具

與餐桌最緊密連結的時空莫過於料理的時間了。在陽光灑落的木砧板上切著黃瓜或是水蜜桃；
把蔬菜下鍋用木煎鏟拌炒；香鬆的陶鍋炊飯得用手雕木飯匙來翻鬆，讓每一粒米飯呼吸透氣；
夾菜分菜時也有了萬用木夾幫忙，木質的料理道具是最溫馨又得力的好夥伴。

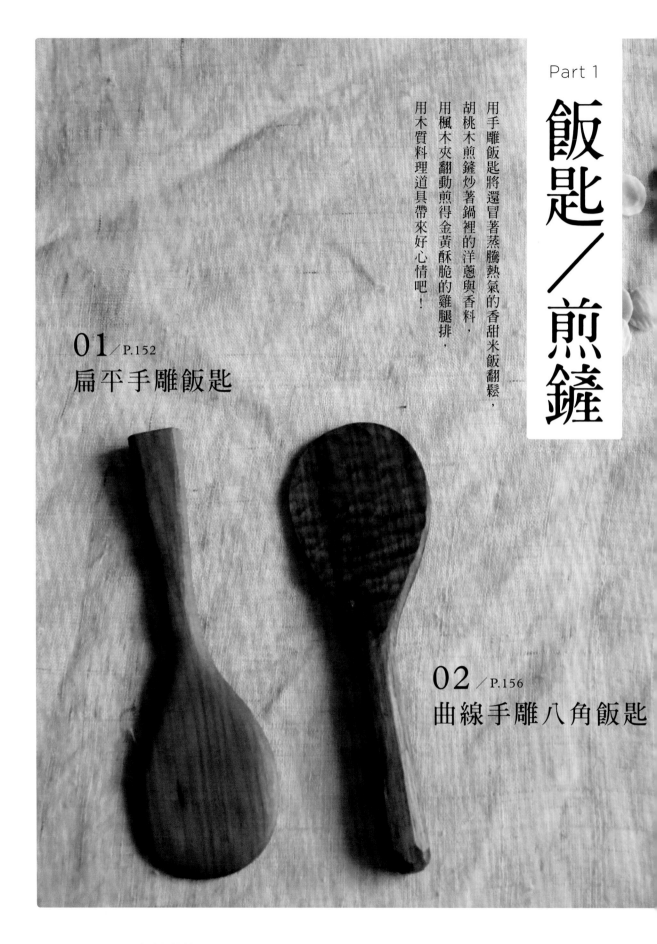

Part 1

飯匙／煎鏟

用手雕飯匙將還冒著蒸騰熱氣的香甜米飯翻鬆，
胡桃木煎鏟炒著鍋裡的洋蔥與香料，
用楓木夾翻動煎得金黃酥脆的雞腿排，
用木質料理道具帶來好心情吧！

01／P.152
扁平手雕飯匙

02／P.156
曲線手雕八角飯匙

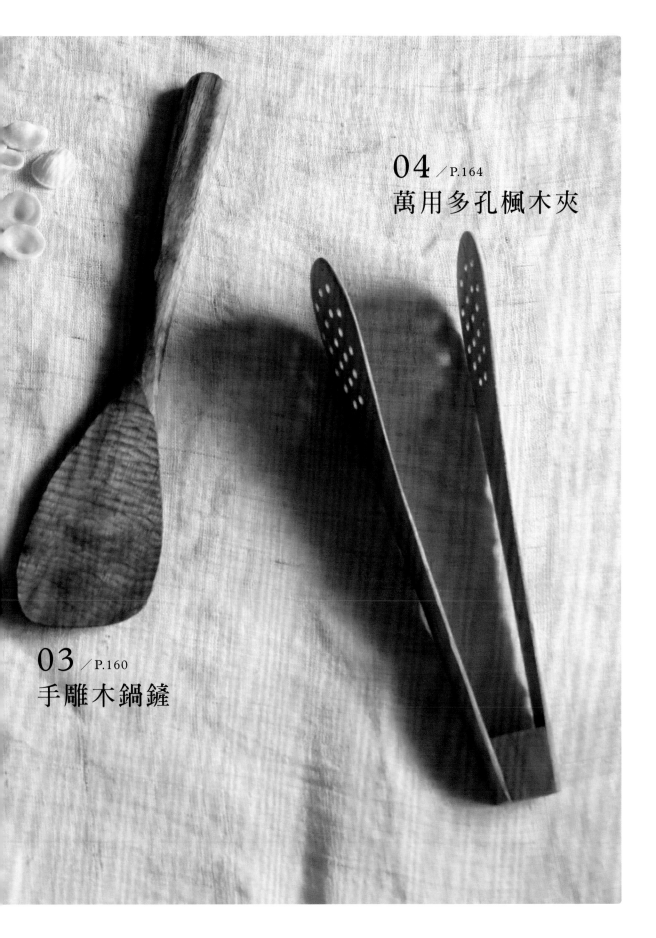

04 / P.164
萬用多孔楓木夾

03 / P.160
手雕木鍋鏟

01

扁平手雕飯匙

民以食為天，米飯在華人飲食習慣裡有著重要地位，也因此，製作一把好的飯匙，用它來盛裝每日能量的開始，也更有意義。米飯炊煮完成，總是需要先用飯匙將米飯扒鬆，再盛到碗裡，基本的扁平款式，先來試試用鉋刀將前端刨製成平且薄的樣子，有了這平薄的前端，在鍋底或轉角，都可以好好地把每粒米飯盛到碗裡。

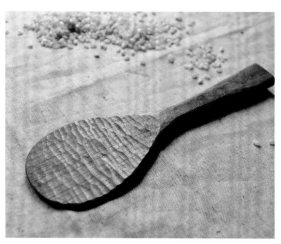 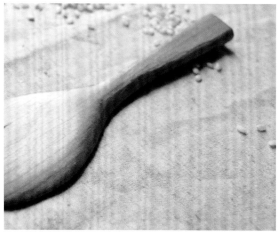

detail
飯匙的基礎練習重點建議放在足夠斜且薄的匙面前端，匙面刻紋也需要平順一些才不至於卡上飯粒。

材料　18×6×1cm 櫻桃木

工具　工作檯、丸曲18mm 雕刻刀、切出小刀、木筷專用刨台、刨刀、30mm 圓木棒、120、240、320、400號砂紙、海綿砂紙

作法

① **繪製外形**

畫上喜歡的飯匙造型，也可以找市售的飯匙直接描繪外形。

③ **線鋸外形**

以F型夾將材料固定住，用弓形鋸鋸出外形。

② **刨出斜面**

在木匙面二分之一處，向前刨出斜面，使飯匙前端呈現約5mm的扁平狀（使用木筷刨台）。

④ **砂磨匙背弧線**

將木匙壓在120號的砂紙上來回打磨出圓弧，再依標準砂磨步驟完成背面線條。

(5) 雕刻正面紋理

在飯匙的正面使用丸曲18mm雕刻刀，淺淺地雕刻一層紋理。

(7) 上油保護

正面與側面雕刻完成和背面砂磨至細緻後，以紙巾或布沾取保護油，均勻塗上。

(6) 削圓握柄

使用切出小刀將握柄削圓，遇到逆紋處則翻轉180度，反向削切。

(8) 完成

上油後呈現細緻的刻紋質地，櫻桃木的粉棕色給人溫暖的感受。

02

曲線手雕八角飯匙

學會了扁平款式的基礎飯匙後，我們就來增加一些新的挑戰吧。這次使用更厚的材料製作從側面可以看出曲線的造型，使得飯匙的線條更加優美，使用起來也更順手。另外，也改變飯匙面的刻紋，加大寬度的丸刀所刻出的表面質感更為大器，也可以透過排列組合的雕刻技巧，變化自己想要的刻紋。握柄的部分則製作成經典耐看的八角形，為飯匙增加另一個亮點。

 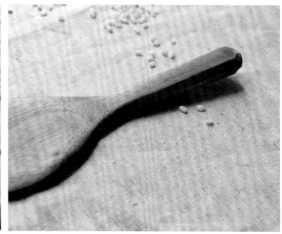

detail

曲線款飯匙加厚了材料，雖然更難製作，但也可以做出更順手有細節的餐桌道具。想要曲線更美的飯匙，可以用更厚的木頭，以義大利麵叉般的曲線來臨摹線條。

材料　18×6×1.5cm胡桃木

工具　弓形鋸、F型夾、工作檯、木筷專用刨檯、丸曲24mm雕刻刀（台製）、切出小刀、30mm圓木棒、120、240、320、400號砂紙、海綿砂紙

作法

① **繪製外形**

畫出喜歡的飯匙造型，也可以找市售的飯匙直接描繪外形。並在飯匙面與握柄交界處（約二分之一處）畫上基準線，這將是之後步驟中鋸與磨的基準線。

② **鋸出正面**

將材料的一半夾在桌上，正面外形使用弓形鋸鋸下。

③ **線鋸外形**

用F型夾將材料固定住，以弓形鋸鋸出飯匙面的曲線。

★**POINT**　與基礎款的刨刀用法相比較，弓形鋸更容易表達出曲線線條。使用較厚材料來製作時，可以失誤的空間較大，但材料一旦增厚，操作難度便會增加許多，因此更需要保持鋸路垂直。

飯匙前端是接觸鍋子與白飯的部位，厚度約要鋸至3mm厚，再以小刀或砂紙削磨圓角到夠薄（1～2mm）的程度，翻動米飯時才會順手好用。

④ **雕刻正面紋理**

飯匙的正面是使用率最高也是最常被看到的部位，使用丸曲雕刻刀，淺淺地雕刻一層紋理，就能增加作品的細緻度。

★**POINT**　1. 彫刻紋理時，須注意不要停頓或產生逆紋，以避免盛飯時米飯卡在飯匙上或不易清洗。2. 若不想在匙面雕刻紋理，也可以使用圓木棒將砂紙捲起，以順木紋方向的方式打磨。依序使用由粗到細的砂紙，打磨至光滑。

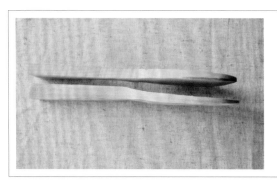

側面曲線比較

與基礎款（上）比較，進階款（下）的側面曲線更優美一些。

⑧ **上油保護**

正面與側面雕刻完成和背面砂磨到細緻後，以紙巾或布沾取保護油，均勻塗上。

⑤ **打磨匙背曲線**

使用120號砂紙，將匙背壓在砂紙上來回均勻打磨成弧狀。再依序使用由粗到細的砂紙打磨匙背，直到光滑平順。

⑦ **刻出八角握柄**

使用切出小刀，以繞圈方式將八角形的稜線高點削除一個三角區域，再繼續向上削除第二圈的稜線高點，最後完成正上方的小八角形。

⑥ **削切邊緣**

使用切出小刀，將飯匙的尖銳邊緣削出角度，遇到逆紋則翻轉方向削切。

⑨ **完成**

上油後呈現細緻的刻紋質地，胡桃木沉穩的可可色與較為大器的大刻紋十分搭調。

03

手雕木鍋鏟

一說到廚房道具，最不能或缺的就是翻炒鍋中食材的木鏟了。早餐時，用不沾鍋小火煎個荷包蛋的翻面時刻，不會刮傷鍋具的木鏟是最佳選擇。鍋鏟在製作上與飯匙的差異不大，只要將握柄加長，尖端盡可能削薄，就能達到好翻炒的功能。因為使用過程會接觸到高溫，在選材上要避開花梨，黑檀等等顏色重的木材，盡量以櫻桃木、胡桃木、橄欖木等軟硬適中，又不含太多色素與味道的木種來製作。

detail

製作設計鍋鏟時需要注意配合自家的鍋子寬度與深度，示範款配合的鍋子是約26cm的平底鍋，若更大更寬，則需要適度加長握柄與前端寬度。

材料　28×6×1.5cm 胡桃木

工具　弓形鋸、F型夾、工作檯、丸曲 15mm 雕刻刀、切出小刀、120、240、320、400 號砂紙

作法

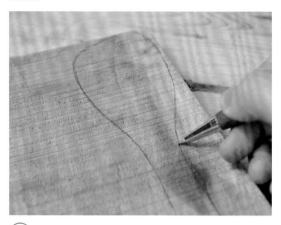

① **外形繪製**

畫上喜歡的煎鏟造型，前端有一點斜度，使用起來會
更順手。

③ **鋸出側面曲線**

用F型夾將材料固定住，以弓形鋸鋸出木鏟側面曲
線。

② **鋸出外形**

使用F型夾住材料的中間位置，用弓形鋸將正面外形
鋸下。

④ **雕刻正面紋理**

正面雕刻一些水波紋增加質感。

⑥ **砂磨背面**

背面依序以由粗至細砂紙順木紋方向砂磨至細緻。

⑦ **上油保護**

正面與側面雕刻完成和背面砂磨至細緻後,以紙巾或布沾取保護油,均勻塗上。

⑤ **削圓握柄**

使用切出小刀將握柄削圓,遇到逆紋處則翻轉180度,反向削切。

⑧ **完成**

上油後呈現細緻的刻紋質地,胡桃木的沉穩茶棕色有著豐富的層次。日積月累地使用下可能會被燙黑,或是吸附拌炒時的橄欖油,但這些都將成為廚房獨特的風景。

04

萬用多孔楓木夾

在鍋中翻煎牛排、夾出剛出爐的美味麵包、將義大利麵分別夾到盤中，這些日常畫面都少不了一支好用的木夾子。木夾前端微微上揚的寬版曲線可以將食物夾得更穩。加上孔洞的設計，在夾取鍋中有湯汁的食物時，也可以保持最少的水分而不甩到餐桌上。製作的重點在於薄片的厚薄和中間木塊的斜度，在兩片薄木片中黏合一塊有斜度的梯形木塊，就可以輕鬆完成這件獨特的廚房道具！

detail

木夾的功能多半是用來夾有湯汁的蔬菜等火鍋場合，因此適當的孔洞就十分重要。夠薄的木片才能擔當夾子的重任，會使用3mm以下的木板。

材料 23×5×0.25～0.3cm楓木薄板兩片、上寬1.8×下寬2.2×高2.5×厚2cm梯形木塊

工具 弓形鋸、工作檯、電鑽、4mm鑽頭、F型夾、木工膠、寬橡皮筋、120、240、320、400號砂紙、長木塊、海綿砂紙

作法

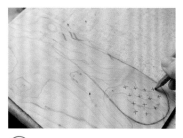

①　外形繪製

畫上木夾造型，前端寬5cm，後端支點寬2cm，並在要打洞的位置畫出叉叉標記中心點。

③　斜面整平梯形木塊

將120號砂紙放在平整桌面，將梯形木塊兩側斜面打磨至平順。

④　線鋸外形

將兩片木夾外形鋸下。

②　鋸出梯形木塊

將木塊畫出作為支點的梯形，梯形上端寬1.8cm，下端寬2.2cm，高2.5cm，並將梯形鋸下。

⑤　鑽洞

使用手持電鑽，以4mm鑽頭打穿鑽洞的部位，兩片木片可以用F夾重疊固定一次鑽洞。

⑥ 砂磨正面圓角

以粗砂紙砂磨正面的側邊圓角，將沒有鋸順的線條磨至流暢，達到圓滑細緻的效果。

⑧ 砂磨

以由粗到細的砂紙（捲住長木塊）砂磨所有部位，包括殘膠和不平整的地方，最後再以海綿砂紙拋光。

⑨ 上油保護

以紙巾或布沾取保護油，均勻塗上。

⑦ 膠合

沾取少量木工膠在上端支點處，將木夾薄片與梯形木塊黏合，用橡皮筋捆起來加壓。記得調整薄片前端位置，貼於桌面要是平整的，注意不要上下歪斜，木夾使用時才不會錯位。

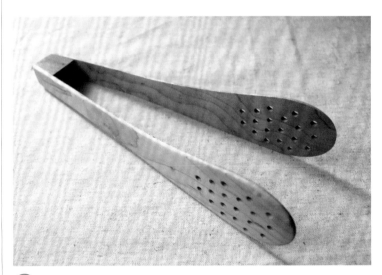

⑩ 完成

上油後呈現楓木特有的緞面光澤。

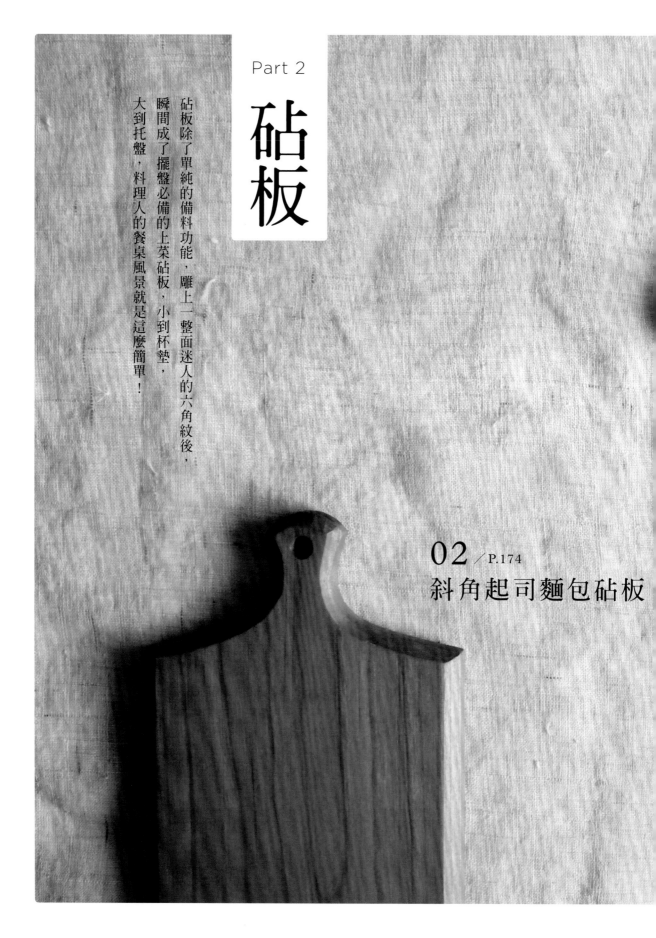

Part 2

砧板

砧板除了單純的備料功能，雕上一整面迷人的六角紋後，瞬間成了擺盤必備的上菜砧板，小到杯墊，大到托盤，料理人的餐桌風景就是這麼簡單！

02 ／ P.174
斜角起司麵包砧板

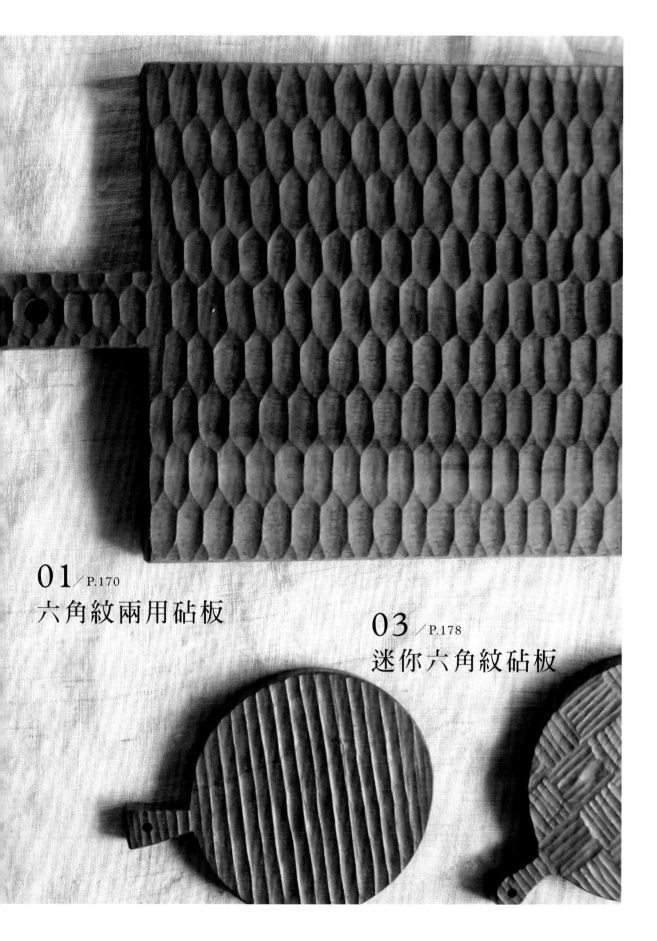

01／P.170
六角紋兩用砧板

03／P.178
迷你六角紋砧板

01

六角紋兩用砧板

最實用的把手型料理砧板。一面平整、一面雕刻紋理的雙面設計，平整面可以用來切菜料理；刻紋面則可以當作上菜托盤。簡單耐看的長形把手，好握持且易於製作；六角形刻紋則是被廣泛運用在器皿雕刻的經典紋理，一排排規律錯落的刻紋相互交疊後顯現出的稜線，是需要靜下心來一刀刀慢慢修整出的細節。大且寬的六角紋氣勢磅礴，若將寬度縮減成細長型的六角紋，則顯得細緻優美。

detail
六角紋的雕刻排列得以握柄為中心來向兩旁擴散，才會對稱均衡，雕刻上須注意六角紋理的錯落排列。

材料　35×20×1.6cm 胡桃木

工具　電鑽、8mm鑽頭、丸曲15mm彫刻刀、弓形鋸、平口鑿刀、F型夾、工作檯、長木塊、120、240、320、400號砂紙、海綿砂紙

作法

① **繪製外形**

畫上喜歡的砧板造型，並在要打洞的位置畫出一個叉叉標記中心點。

② **鑽洞**

使用手持電鑽，以8mm鑽頭打穿欲鑽洞部位。

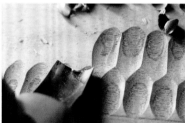

③ **挖鑿六角紋**

畫上兩公分等距的基準線，並使用丸曲刀挖鑿每一排。每刀之間的大小要掌握均勻，以相互交疊成直線的原則，向上發展第二排時，起刻點為未刻到的三角區塊，而非鉛筆線，才會在第三排刻完後形成六角形。

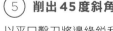

④ **鋸切外形**

以弓形鋸鋸出砧板外形。

⑤ **削出45度斜角**

以平口鑿刀將邊緣銳利處削出小小的45度斜角。

⑦ **上油保護**

以紙巾或布沾取保護油，均勻塗上。

⑥ **砂磨表面**

將砂紙捲住長木塊，使用由粗到細的砂紙，將平面砂磨到細緻。正面雕刻處只需以海綿砂紙，輕輕打磨每個凹陷的刻紋到滑順不刮手即可。

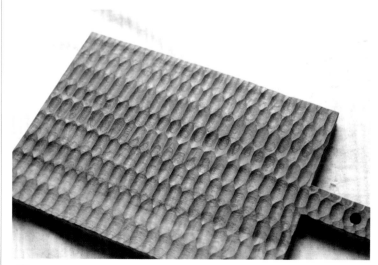

⑧ **完成**

上油後呈現六角刻紋的迷人質地。

02

斜角起司麵包砧板

比起日用切菜板更小一些，但若只是想切顆檸檬或百香果，體積小一些的砧板就方便許多。不當作砧板使用時，切上幾片烤得香酥的法國麵包塗上美味的奶油，一日最有朝氣的一餐就從這裡開始！斜角砧板的製作重點在於45度的倒角，以及內凹線條的掌握，鋸歪了也沒關係，但需要先將內凹弧線打磨至順暢後，才能開始製作倒角，最後完成的作品，才會有細緻且俐落的邊線造型。

detail
帶有倒角的圓肩砧板款式，需要不同工具來修飾許多細節，是可以學到許多小技巧的作品。

材料　25×13×1.5cm櫻桃木

工具　電鑽、8mm鑽頭、丸曲15mm彫刻刀、切出小刀、刨刀、圓木棒、120、240、320、400號砂紙、工作檯、海綿砂紙、弓形鋸、F型夾

作法

① 繪製外形

畫上喜歡的砧板造型，並在欲打洞的位置畫一個叉叉標記中心點。

② 鑽洞

使用手持電鑽，以8mm鑽頭將欲鑽洞部位打穿。

③ 鋸出外形

以F型夾將材料固定住，用弓形鋸鋸出外形。

④ 砂磨凹槽

以木棒將砂紙捲起（依序由粗到細），將內凹的線條打磨至光滑流暢。

⑤ 削出45度斜角

使用刨刀將直線部位倒角削斜，遇到逆紋處則翻轉180度，反向削切。

(6) **挖鑿凹處倒角**

凹處線條以丸曲雕刻刀挖出倒角，遇逆紋則反向挖鑿。

(8) **砂磨表面**

使用由粗到細的砂紙，砂磨表面到細緻，再用海綿砂紙最後拋光。

(9) **上油保護**

以紙巾或布沾取保護油，均勻塗上。

(7) **削切把手倒角**

正上方的倒角需以小刀順木紋方向削切，用右手握刀，左手大拇指抵住刀背來施力。

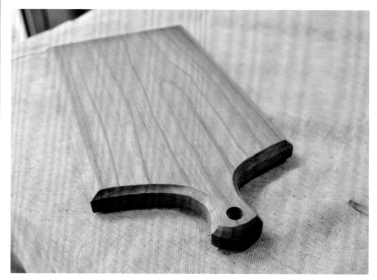

(10) **完成**

上油後呈現光滑的木紋質地。

03

迷你六角紋砧板

圓是最能表達和諧的造型，就像陶碗經由拉坏形成的圓。我們的雙手也無一處不是圓角，圓真實地充滿在我們的生活之中。而圓的製作除了可以練習弧形鋸切的技巧，也能練習順著圓弧砂磨的方式。用指尖感受原本不平整的波浪線條，在來回砂磨下成為流暢的圓弧線條與光滑質地。最後完成的作品，單是擺上一小口漬物配飯，或是作為糕點的盛盤、午茶時的杯墊，都讓用餐時的心情更美好。

detail

圓形款式的迷你砧板，比起方形更顯得自然可愛，需要更多耐心打磨圓弧線條，搭配圓圓的點心或茶杯都非常適合。

材料 13×10×1cm櫻桃木

工具 電鑽、4mm鑽頭、丸曲15mm雕刻刀、弓形鋸、F型夾、工作檯、120、240、320、400號砂紙、海綿砂紙

作法

① **繪製外形**

畫上喜歡的砧板造型，並在要打洞的位置畫出一個叉叉標記中心點。

② **鑽洞**

使用手持電鑽，以4mm鑽頭將欲鑽洞部位打穿。

③ **挖鑿六角紋**

畫上2cm等距的基準線，並使用丸曲雕刻刀挖鑿每一排，每刀之間要掌握均勻大小，以及相互交疊成直線的原則。向上發展第二排時，起刻點為未刻到的三角區塊，而非鉛筆線，才會在第三排後刻完後形成六角形。

④ 鋸切外形

以弓形鋸鋸出砧板外形。

⑥ 上油保護

以紙巾或布沾取保護油，均勻塗上。

⑤ 砂磨表面

以由粗到細的砂紙將側面弧線砂磨到細緻，正面雕刻處只須以海綿砂紙，輕輕打磨每個凹陷的刻紋到滑順不刮手即可。

⑦ 完成

上油後呈現六角刻紋的迷人質地。

日本職人作家——
渡邊浩幸的木作二三事

渡邊浩幸曾在台灣曾出版《木作小食器》一書，書中介紹日常會使用到的各種餐具與製作方法，是到目前為止還在日本書店工藝分類架上熱銷的書籍。簡單的造型加上雕刻的質感，就是渡邊的風格。工作室會定期舉辦木作與金繼（一門傳統的修復工藝）課程，作家也會到各地的藝廊展覽、販售作品。這次到他的工作室採訪關於木作的二三事，並請他示範一款經典木匙—調羹匙，一起來了解日本職人木作家與我們不一樣的木作生活吧！

Q1：當初為什麼會選擇製作生活木食器，而非家具或漆藝呢？

渡邊：剛畢業的時候曾有想過要製作家具類的作品，但因為家具的體積都頗大，家裡放不下，就想著要製作小一點的器皿類作品，也會結合漆藝的技法作塗裝，便開始了製作木食器一途。另一方面，也是因為自己很喜歡食物，也就是吃（笑）。

魚丸：柳宗悅的民藝運動（註一）對你是否有影響？

渡邊：不太有影響呢，並沒有思考過這個問題，但是要說影響的話，黑田辰秋（註二）是對我比較有影響的人。

魚丸：那麼在許多製作實用器皿的日本作家們之中，民藝運動是否有著影響力呢？

渡邊：嗯……要怎麼說呢？民藝運動影響還是有的，但不會意識到是民藝的概念，演變至今比較偏向是生活工藝的感覺。

Q2：作品經常使用山櫻花木來雕刻木碗或餐具等，是因為雕刻的狀態和光澤都很好嗎？

渡邊：山櫻花木的硬度剛剛好，不會太硬也不會太軟，也看不到導管，在雕刻的時候光澤很好，手感也滑順。我也會使用較軟，好雕刻的鬼胡桃木來製作，是因為製作成器皿的氛圍很好，所以經常使用。

（註一）柳宗悅的民藝運動：概念立意良好，希望將美與工藝品的使用落實在生活之中，而非一個上萬總是怕摔碎的花瓶，或是常人遙不可及的高貴器皿，希望在高價的藝術品與廉價的工業產品之間取得平衡。但其中許多特點是不符合現代潮流的，比如各具風格的器皿，大眾從中辨識某些特徵來辨認這是某位作家的作品，就違反了無名性（不具名的民藝品）。若是一個地區的產業鏈發展起來的民藝，比如益子燒，會是更貼近民藝的概念，現代工藝發展多以個人工房為主要方式。

（註二）黑田辰秋：西元1904年～1982年，日本知名木工漆藝家，人間國寶，影響了近代許多木工作家的創作。

工房的教學區，儼然是個咖啡廳的模樣，用木工車床車製盤型後再雕刻的山櫻花木吊燈，讓空間呈現溫暖的氛圍。　上：餐具的半成品材料。下：工房裡的備料區。

魚丸：是因為取得容易，價格好入手嗎？

渡邊：也可以這麼說，我會去購買整顆的原木回來自己裁切乾燥之後，再製作成作品。

魚丸：為何作品多用雕刻的質地來表現，而非砂磨光滑的質地呢？

渡邊：因為我們不是機器而是人類，砂磨的光滑的樣子雖然也很好，但就是少了一點人的味道。

魚丸：沒錯，會很像是機器人製作的呢，沒有手工製作的溫度。

Q3：渡邊先生的作品總是以單純的雕刻與塗油就可以呈現非常好的光澤，有使用特別的油嗎？或是刀子要磨得特別銳利？

渡邊：沒有使用什麼特別的油呢，通常會使用紫蘇油來作保養。

魚丸：單純只塗油的話，要幾天才會乾呢？

渡邊：要一個月呢，的確很久，因此我會使用有加蜂蠟的木蠟油來作基礎保養。不過，真的需要磨利的工具才能好好完成作品。

Q4：作品塗裝只使用油來塗裝保養的話，若是會裝湯或熱米飯這類的食物時，會不會容易發霉呢？

渡邊：濕度高的話是容易發霉的沒錯，用生漆塗裝還是最好的選擇，但是呢，上油可以呈現一種自然的氛圍，看得到木頭原本的顏色木紋，這也算是一種趨勢吧。只要洗完儘快擦乾、晾乾，木器就不那麼容易發霉。

魚丸：台灣的濕度很高，還是容易發霉，會推薦哪種塗裝方式又可以保留原色的呢？

渡邊：我會自己用核桃油和蜂蠟製作保養用的木蠟油，加了蜂蠟的防水性會更好，水氣就不容易進入木頭內部產生發霉了，比起油更好一點。但要完全防水的話，就需要使用生漆塗裝了。

1 經過長時間使用的木器，只要經常使用保養，依然可以保持良好的狀態。

2 製作到目前為止的各種版型，已經裝滿了1個盒子，通常做出1件新款木匙的時候會一次做個10件。

3 經過雕鑿到十分光亮的山櫻花木碗，是家裡天天使用的木食器。

4 經過雕刻再以白漆塗裝的木碗與義大利麵叉。

渡邊浩幸的調羹匙DIY示範

調羹匙是湯匙中的經典款式。我們應該對生活中常出現的，可以平貼桌面立起來的不鏽鋼湯匙很有印象，而這樣的款式製作成木匙時，則需要注意木匙底部要有一定的厚度及重量，才立得起來。但考量到就口處需要薄以便使用，前端口緣的線條則可以拉長一些。

特大淺丸鑿是渡邊找工具職人特製的，用來挖鑿微凹陷的線條時方便好用，在這裡也可以代替平鑿的雕刻功能。

材料　12×3.5×2.5cm 鬼胡桃木

工具　F型夾、弓形鋸、工作檯、丸曲15mm 雕刻刀、24mm 淺丸鑿、切出小刀、400 號砂紙

作法

(1) **繪製及鋸下外形**

將湯匙外形繪製於木材上，用F型夾固定後，以弓形鋸鋸下。

(2) **畫出側面曲線**

以鉛筆畫上將要鋸下的側面曲線。

(3) **鋸出外形**

使用F型夾將材料固定住，以弓形鋸鋸出側面曲線。

(4) **雕刻匙面**

以丸曲刀將匙面以垂直木紋方向雕刻凹槽。

(5) **雕刻匙柄正面**

以小刀由上而下順紋雕刻湯匙柄正面，接近匙面的凹陷弧度則改用淺丸鑿，最後的湯匙口緣則用小刀順紋方向切削一圈，完成正面的雕刻。

(6) **鋸出背面弧線**

在背面偏匙柄的位置（水滴的圓弧切點約在相對匙面的正中心）畫上要平放於桌面的水滴型平面，鋸下多餘材料。

(8) **以丸鑿切削匙柄**

湯匙握柄的背面及邊角以丸鑿順紋方向切削雕刻質感。

(9) **削切細節**

湯匙背面接近口緣側邊的部分，用小刀順紋切削一圈，匙柄末端也細微修整，完成背面雕刻。

(7) **以小刀削切匙柄**

湯匙握柄的背面及邊角以小刀順紋方向切削圓角。

(10) **砂磨表面**

使用400號砂紙，將湯匙口緣銳利處及背面平面砂磨圓滑光滑。

(11) **上油**

以紙巾或布沾取保護油均勻塗上。

(12) **完成**

上油後呈現質感豐富的手工雕刻紋理。

走訪東京mokumoku木材店專賣店

這間位於東京都新木場的木材專賣店mokumoku，販售著上百種世界各地的木材以及日本特有的木材，每到東京旅行必定會把這裡排入行程的我，對於什麼種木材排在什麼位置，可說是瞭若指掌。

1928年由爺爺創立至今已經交棒至三代目井関政太社長的mokumoku，接近百年的歷史讓mokumoku成爲木工作家與木工愛好者們朝聖的木材店。燈光明亮、分類有序，除了販售各種裁切製材好的木板材料之外，還有竹子等材料，和木皮、圓棒、裝潢用材、家具或餐具的半成品等周邊產品。有裂痕或是狀況較不好的木板，會以秤重的優惠價格（100g/54日圓）販售。店裡的木材就算是小到像一塊橡皮擦的大小，也會裁切整齊上架販售。購買木材後還提供裁切的服務，除了裁切長度之外，也可以將木板剖成更薄的薄木板，或是刨光等加工方式。對於家中不便使用機器的人來說，這絕對是貼心且實用的服務。門口也販家具用塗裝和染色等塗料相關的產品，讓客人可以一次購足所需。

1 一個個蓋上木材名字的木板們，讓辨識木頭不再是件苦差事。
2 木材秤重販售區，微裂痕的木板有著優惠的價格。
3 再小的材料都有它的用處，也有許多樹瘤或閃花部位的珍貴木材。
4 各種不同種類尺寸的竹材料，包括煤竹等日本有名的竹材料。
5 販售塗料的專門區。
6 木材閃花的部位，甚至會出現圓圈狀的閃花紋理，比較常出現在日本的tamo木上。

Mokumoku木材專賣店
地址：〒136-0082 東京都江東区新木場1-4-7
TEL：03-3522-0069　FAX：03-3522-0084
交通方式：JR京葉線・りんかい線・有楽町線「新木場　」走路3分鐘（附停車場）
營業時間：AM10:00 ～ PM6:00（工房代裁服務到PM5:00為止）
店休日：每週一、二；夏季、年終年初

關於木質線

我的木工之路源起於得到一小塊製作木鉤針的台灣檜木。從那時起，蒐集各種珍貴木材來製作編織工具，用自己手作的工具來進行最愛的編織，是當時最感療癒的事，同時也慢慢累積訂製包包的客人。2012 年 7月成立了木質線品牌，在第一場簡單市集開始販售作品，接著教學和展覽邀約接踵而來。目前，除了持續開設木工食器體驗課。2024年也開始規畫更多線上課程，除了最愛的手雕食器餐具以外，結合木頭與皮革不同媒材的鉤編及藤編作品，與大家分享創作與工藝，希望能在日常生活帶給大家的平靜與滿足。

課程資訊

（圖上）2021親手打造的工作室，想著要有木地板與木質古家具，明亮溫暖的空間。
（圖下）編織栗子草帽與藤草編籃，連紡紗機都是使用台灣檜木自己製作的。

近年經典作品

使用各種木頭原色製作的栗子造型盤，加上各種不同的六角紋、貝殼紋、水波紋等雕刻紋理的變化，是至今人氣不敗的熱門作品。

使用各種木頭製作的鉤針，號數以骰子般的點點來呈現，從日規3／0號～8／0都製作過，也有全木質的8MM～20MM等訂製尺寸。

以自製的木輪針與木棒針織作的羊毛羊駝混紡線栗子帽。俏皮的栗子尖點、經典的分色、收束的帽子邊緣，除了更為立體傳神，還有將臉變小的效果，是木質線的人氣商品。

展覽／市集／快閃店

近幾年參與的幾場市集活動與較大型的展覽，是可以現場近距離看到作品來觸摸感受木紋肌理的難得機會。和松鼠一樣在秋天儲備糧食的我，會固定參加森之市與好好市集，可以看見最新創作展出，偶爾也會舉辦個展或參加小木器專賣店的聯展。另外，也曾到京都的上賀茂市集出店，2019年在誠品松菸店則舉辦了快閃店活動。

森之市

由市集主理人Louis主辦，是近期較常參與的市集活動，北中南都跟著跑了一遍，帶上喜愛的古道具陳列，豐富編織與木盤作品。其中超人氣的貓咪木盤，是使用auro植物礦彩漆塗裝，可以安心承裝食物。

好好市集

活躍的北部市集品牌，也會在台灣各地舉辦，是近年常參與的優質市集活動之一。

（右圖）原木系列的麵包系列木盤。

日本川越 kodawarinoito 市集出展

跟著森之市的夥伴品牌一起前往的難忘市集，與多年前獨自出展京都上賀茂市集的經驗很不一樣！台灣與日本品牌的夥伴們大家都很溫暖互助，是一邊擺攤一邊購物的快樂展會。

（左圖）與東京選物店初步的採購合作洽談。
（右圖）市集購得的古櫸圓折疊桌與可頌作品。

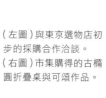

餐桌上的木食器

28堂日系餐具木作課！職人紋刻技法，第一次就上手

作　　者　余宛庭‧木質線
設　　計　IF OFFICE
執行編輯　莊雅雯
責任編輯　詹雅蘭

總 編 輯　葛雅茜
副總編輯　詹雅蘭
主　　編　柯欣妤
業務發行　王綬晨、邱紹溢、劉文雅
行銷企劃　蔡佳妘
發 行 人　蘇拾平

出　　版　原點出版 Uni-Books
　　　　　　Email：uni-books@andbooks.com.tw
　　　　　　電話：(02)8913-1005　傳真：(02)8913-1056

發　　行　大雁出版基地
　　　　　　新北市新店區北新路三段207-3號5樓
　　　　　　www.andbooks.com.tw
　　　　　　24小時傳真服務(02)8913-1056
　　　　　　讀者服務信箱 Email: andbooks@andbooks.com.tw
　　　　　　劃撥帳號：19983379
　　　　　　戶名：大雁文化事業股份有限公司

ISBN　978-626-7466-36-0(平裝)
ISBN　978-626-7466-43-8 (EPUB)
二版一刷　2024年07月

定　　價　560元

餐桌上的木食器：28堂日系餐具木作課！職人紋刻技法，第一次就上手 / 余宛
庭‧木質線著. -- 二版. -- 新北市：原點出版：大雁文化發行, 2024.07；192
面；19X26公分
ISBN 978-626-7466-36-0(平裝)

1.木工 2.餐具 3.食物容器

474　　　　　　　　　　　　　　　　　　　　　113009693